科海撷珠

——解读上海获奖科技成果

《科学画报》编辑部 编

上海科学技术出版社

图书在版编目（CIP）数据

科海撷珠：解读上海获奖科技成果 /《科学画报》编辑部编 . -- 上海：上海科学技术出版社，2021.9

ISBN 978-7-5478-5505-8

Ⅰ . ①科… Ⅱ . ①科… Ⅲ . ①科技成果—介绍—上海

Ⅳ . ① G322.751

中国版本图书馆 CIP 数据核字（2021）第 198150 号

内容提要

本书从2017和2018年度国家科学技术奖和上海科学技术奖的重大科技成果中，遴选了50项，利用通俗易懂的方式对这些获奖成果进行科普化解读，让公众更好地理解上海市在科创中心建设过程中所取得的成就，知晓这些高新科技成果所取得的过程以及科研人员在其中所做出的贡献等。

本书可供关心前沿科技发展的读者阅读，也可供相关科研人员和科技管理人员参考。

科海撷珠——解读上海获奖科技成果

《科学画报》编辑部　编

上海世纪出版（集团）有限公司
上 海 科 学 技 术 出 版 社　出版、发行

（上海市闵行区号景路 159 弄 A 座 9F—10F）

邮政编码 201101　www.sstp.cn

杭州日报报业集团盛元印务有限公司印刷

开本 787×1092　1/16　印张 14

字数 210 千字

2021 年 9 月第 1 版　2021 年 9 月第 1 次印刷

ISBN 978-7-5478-5505-8/N.229

定价：69.00 元

前　言

现代科技的发展日新月异，从探测遥远宇宙空间的超新星爆发，到揭示物质的亚原子微观结构，高新科技成果不断涌现。但是，现代高新科技成果的前沿性和专业性使其具有“阳春白雪”的天然属性，其呈现形式往往是专业学术论文和专著，普通民众很难读懂和理解。即使是报纸、电视或网络上的报道，也往往是寥寥几语，很难让读者有一个比较清晰的了解。

目前，一些发达国家已经在政策层面对科技成果的普及出台了一些规定，如英国科研理事会对其资助的项目提出了从事“公众理解科学”的要求；美国国家航空航天局要求所有获得资助的项目，提取获得资金的0.5%~1%，用以从事面向公众科普的“社会服务和教育”活动。

2017年度上海市共有58项牵头及合作完成的重大科技成果荣获国家科学技术奖， 2018年度上海市共有47项牵头及合作完成的重大科技成果荣获国家科学技术奖。2017年上海科学技术奖获奖项目共计272项，其中一等奖54项；2018年上海科学技术奖获奖项目共计300项，其中一等奖55项，特等奖2项。对这些重大科技成果，公众却知之甚少。

为此，在上海市科学技术委员会2019年度“科技创新行动计划”科普领域项目资助下，《科学画报》开辟了“科海撷珠”专栏，对2017年和2018年获得国家科学技术奖和上海市科学技术奖的重大科技成果进行系列化介绍。专栏将这些曲高和寡的高新技术成果，利用通俗易懂的方式进行科普化宣传报道，普及科学知识、倡导科学方法、传播科学思想，提高公众的科学素养。让公众更好地理解上海市在科创中心建设过程中所取得的成就，让公众知晓这些高新科技成果并非高高在上，而是与我们的生活息息相关，并将改善我们衣食住行等生活的方方面面。

本书对“科海撷珠”专栏的文章进行了梳理汇总，集中介绍了上海在建设具有全球影响力的科技创新中心过程中，所涌现的一批代表性科技成果。让读者可以更好地了解这些前沿成果，包括这些科技成果的具体内容和社会贡献，以及相关科学家的研究思路和科学精神。

目　录

煤代石油，点煤成“金”　1
打造最有动力的动力电池　5
重新认识化学键　9
变废为宝，炼厂尾气“变身”高值化学品　14
黑色+金色=绿色　18
给激光器安上最强“玻璃心”　22
给激光器打造最强韧的“血管”　26
能“上天入海”的绳索　30
织出绿色未来　34
洞察天气变幻，防御台风灾害　39
打造高端制造业的“利齿”　44
上汽插电混动技术的三项创新　48
信息时代的电子“盾牌”——密码芯片　52
垂直总装测试厂房，托起航天梦想　56
新材料造就新一代空间相机　60
把“冰棍”做成“雪糕”
——脉冲磁致振荡凝固均质化技术　64
穿越高速铁路的地下工程　68
风从海上来，电在风中生　72
特高压电网的“大动脉”
——高性能铝合金架空导线　76
探月“天眼”——上海65米射电望远镜　80
中国第一高楼是如何建成的　84
高效接枝策略　88

纺织科技助力搭“鹊桥”，为北斗撑起“太空伞” 92
植物和昆虫的博弈 96
长江大闸蟹如何“爬”回百姓餐桌 101
遨游深海的“海马” 106
给棕地“整容” 111
地铁盾构“变形记” 115
既要治水，也要治泥 120
核电站的混凝土“铠甲” 124
自动化集装箱码头技术 128
以光为媒，催生绿色未来 132
废水处理中的“组合拳” 137
智能输电线路 141
第二代高温超导带材 145
光子晶体：用控制电子的方法控制光 150
探寻水下宝藏的考古机器人 154
拍摄“分子电影”——全相干自由电子激光 158
“超级电池”是怎样炼成的 163
让液晶材料随光起舞 168
寻找氟化学的“金钥匙” 173
为百万“酶”军建一支“侦察兵团” 178
新一代北斗导航卫星“新”在何处 182
超超临界+二次再热——世界一流的汽轮发电机 186
打造“巨无霸”集装箱船家族
——超大型集装箱船系列化船型关键技术及应用 191
“内外兼修”的国产ARJ21飞机 196
居安思危，为软土隧道的强震安全保驾护航 201
从源到汇：南海沉积物的前世今生 205
北斗护航，中国集装箱物流引领国际标准 210
把氢气“装”进金属里 215

煤代石油，点煤成“金”

中国石化上海石油化工研究院

“富煤、贫油、少气”是我国能源发展面临的现状，随着经济的快速发展，石油的供给压力还将继续加大。因此，发展煤代油战略具有十分重要的意义，可以发挥我国能源结构的优势，减少对石油资源的高度依赖。

经过多年的开拓创新，我国已经开发了煤制油、煤制二甲醚、煤制乙二醇和煤制天然气等现代煤化工产品、技术和装备，并且初具规模。其中，高效甲醇制烯烃工艺是最重要的煤化工技术之一，它以煤或天然气合成的甲醇为原料，生产乙烯、丙烯等低碳烯烃，是煤代油战略的核心技术。

2018年1月，中国石化上海石油化工研究院牵头完成的“高效甲醇制烯烃全流程技术”项目荣获2017年度国家科学技术进步奖一等奖。该项目开发了用煤替代石油进行烯烃高效生产的全流程技术，使我国成为世界上第一个掌握甲醇制烯烃全流程技术自主知识产权的国家，具有里程碑的意义。

向煤要烯烃

乙烯和丙烯是化学工业的基石，其生产能力通常代表了一个国家的化学工业水平。经由乙烯、丙烯加工制得的产品被广泛应用于农业、汽车、国防、建筑、医疗和日用品等领域，与人们的生活密切相关。

用于高效甲醇制烯烃工艺的纳米片晶多级孔SAPO-34分子筛催化剂

那么，乙烯、丙烯是从哪儿来的呢？目前，它们主要是通过石脑油催化裂解得到的，也就是说，生产它们的主要原料是石油。

然而，偏偏我国的能源结构特点是“富煤少油”。根据国际能源署的数据，我国人均石油资源量仅为全球平均水平的18%，原油对外依存度已超过70%；相比而言，我国的煤炭资源十分丰富，储量居全球第三位。

既然如此，能否用煤炭代替石油来生产乙烯和丙烯呢？

答案是肯定的。这就是人们常说的“煤制烯烃”，也是煤代油战略的重要技术路线，而甲醇制烯烃（methanol to olefins，以下简称MTO）是其中关键性的一环。

解决催化剂、反应器、分离工艺的“三高”挑战

简单来说，MTO就是使甲醇在催化剂的作用下，经过多个转化步骤生成烃类混合物，将这些烃类混合物分离、提纯之后，就得到了目标产物乙烯和丙烯。MTO技术发展的重大技术挑战有“三高”：一是催化剂的选择性要高，要让最后得到的产物中尽可能含有更多的乙烯和丙烯，含有更少的副产物；二是流化床反应工程与工艺的时空收率要高，要在单位时间、单位空间内生产尽可能多的低碳烯烃；三是烯烃分离工艺的回收率要高，要把好不容易制备得到的乙烯和丙烯尽可能彻底地分离出来。

总体来看，这里面需要解决的问题主要有催化剂的问题、反应器的问题、分离工艺的问题。其中，通过催化剂的研究来实现高选择性是MTO技术研究开发的重点。

目前广泛使用的MTO催化剂是SAPO-34分子筛，这一催化剂具有硅铝磷酸盐骨架和三维交叉孔道，其内部的酸性位就是MTO反应的催化活性中心，它在MTO反应中对低碳烯烃具有良好的选择性。尽管SAPO-34分子筛被公认为是最适合MTO反应的催化剂，它仍然存在优化的空间。例如：通过添加金属成分可以改变分子筛的酸性强弱，从而显著影响烯烃的生成；改变孔道大小也可以提高其对乙烯和丙烯的选择性，因为小孔道会限制大分

子的扩散，而低碳烯烃作为分子量较小的小分子，选择性自然就提高了。

一些国际知名石化公司长期以来开展MTO催化剂方面的技术开发，并获得了一定的进展。在国外优秀创新成果的基础上，中国石化MTO项目团队率先创制了纳米片晶多级孔SAPO-34分子筛。这种分子筛具有独特的片状多级孔结构，能有效地促进扩散，是一种高性能的MTO催化剂。利用这种新型催化剂，乙烯和丙烯的碳基选择性提高到了81%以上，这个数字意味着：在最终的烃类产物中，乙烯和丙烯占到了81%以上，其他烃类只占不到19%。

SAPO-34分子筛催化MTO反应时，会出现催化剂积碳失活的问题，也就是说，随着反应的进行，产生的积碳慢慢积累附着在催化剂上，使催化剂反应活性大幅下降。积碳的形成机理众说纷纭，其组成也因反应体系、催化剂、反应条件的差异而有所不同，但不管积碳是怎么来的，它的组分是什么，一旦它覆盖了催化剂的活性位或者堵塞了催化剂的孔道，催化剂就会失活，必须要进行"再生"操作才能继续发挥作用。

MTO的工艺流程采用的都是流化床反应器。流化床反应器，顾名思义，就是说催化剂床层在反应器中是"流动"的状态。MTO催化剂明明是固体，它怎么会"流动"起来呢？这是因为，作为反应原料的甲醇是以气体形式通入反应器的，气相的高速流动使催化剂床层翻滚、搅动，使其像沸腾的液体一样。所以，流化床反应器可以实现固体物料的连续输入和输出，便于进行催化剂的连续再生和循环操作，特别适合MTO这种易发生催化剂失活的反应过程。

项目团队根据流化床反应器的工艺特点，结合反应动力学特征和催化剂的性能，首次开发出MTO快速流化床反应-再生技术，反应器的直径减小了1/3，反应的时空收率提高了2倍，使反应效率大幅度提升；创新开

高效甲醇制烯烃全流程装置

发了顺流两段再生技术，实现了催化剂积碳的精准控制，积碳量变化幅度可控制在±0.2%以内。

在分离工艺方面，项目团队首创了高效MTO烯烃分离全新工艺，设计开发了前脱乙烷、C4烃回收乙烯、含氧化合物脱除等多项关键技术和分离工艺，使乙烯、丙烯产品回收率均达99.98%以上。

完成科学研究、实验开发、推广应用的三级跳

目前，该项目已获授权中国发明专利260件、授权国际发明专利23件，发表SCI论文21篇；获中国石化科技进步奖特等奖、上海市技术发明奖一等奖、国家科技进步奖一等奖。项目首次提出并证实了“烯烃活性中心”的MTO烃池反应新概念，率先发明了片状多级孔催化材料，创新开发了反应-再生系统催化剂细粉高效脱除技术，首次实现了MTO工艺与石脑油蒸汽裂解工艺的集成，这些成果在产业界和学术界都产生了重大影响。

习近平总书记曾指出：“科技创新绝不仅仅是实验室里的研究，而是必须将科技创新成果转化为推动经济社会发展的现实动力。”项目团队一直以此为目标，在科研成果应用的道路上孜孜不倦，奋斗不息。

2007年，中国石化催化剂有限公司采用上海石油化工研究院的MTO催化剂技术进行扩试和生产，至今已经累计生产催化剂数千吨，效益显著。

2010年8月，中原石化60万吨/年工业装置采用高效甲醇制烯烃全流程成套技术开工建设。2011年10月，装置投料开车一次成功，并于7小时后取得了合格的乙烯、丙烯产品，标定结果显示，总体技术指标达到国际领先水平。2016年10月，中天合创360万吨/年高效甲醇制烯烃全流程技术装置在内蒙古建成投产，这是全球最大的MTO装置。

目前，高效甲醇制烯烃全流程技术已在中原石化、中天合创、中安联合煤化等国内多家公司进行应用，并获得国内外多家公司的认可。实践表明：我国自主开发、设计、制造、建设、运行的高效甲醇制烯烃全流程技术大型工业装置达到了国际领先水平，实现了“世界领跑”。

打造最有动力的动力电池

顾森飞

在整个动力电池市场，磷酸铁锂动力电池的占比已经达到50%以上，全球使用磷酸铁锂动力电池的电动车和混合电动车的总销量已经突破100万。除了电动汽车，磷酸铁锂动力电池在智能电网、核电储能系统、移动通信基站中的应用也在逐步推进。在中国，以比亚迪为代表的磷酸铁锂生产企业已经成为全球最大的磷酸铁锂材料生产商，中国也成为磷酸铁锂动力电池制造和应用的头号大国。

寻找正极材料的最佳合成路线

正极材料是动力型锂电池的基石。过去几十年间涌现出来的正极材料层出不穷，然而，真正得到工业化应用的只有钴酸锂、锰酸锂、磷酸铁锂、三元材料等寥寥几种。在这些正极材料中，磷酸铁锂有着自己独一无二的优点。

最不可替代的优势是成本优势。组成磷酸铁锂的铁元素和磷元素储量丰富，资源易得且价格低廉，相比之下，其他几种正极材料中含有的镍、钴等都是稀有昂贵的有色金属。另外，磷酸铁锂的能量密度很高，安全性、循环寿命、容量稳定性等性能都很好。可以说，磷酸铁锂是国际公认的可持续发展的动力型锂电池正极材料。

然而，要实现磷酸铁锂的大规模应用，必须建立吨级生产能力的制造工艺与装置。虽然历经几十年的研究，国际上已经开发出许多不同的合成路线，但是它们大多存在烧结时间长、能耗大、产生污染性气体等不足。

怎样用绿色、经济的方式来合成磷酸铁锂呢?

上海交通大学马紫峰教授团队提出了一种单质铁原子经济性磷酸铁锂合成反应的路线($Fe+2FePO_4+Li_3PO_4\cdot0.5H_2O\rightarrow3LiFePO_4+0.5H_2O$)。这种新型合成路线的反应物是铁、磷酸铁和水合磷酸锂,原料中的所有原子最大限度地转移到了目标产物磷酸铁锂中,从原子经济性上来说是非常划算的;同时,这一合成路线的反应产物只有磷酸铁锂和水,不会排放一氧化碳、氨气、氮氧化物等污染性气体。

电池化学体系的整体设计

如果说正极材料是动力型锂电池的"主角",那么,负极材料和电解液虽说是"配角",却也是戏份重要的"黄金配角"。它们都对电池的性能有着显著影响。

举个例子,我们都有这样的体验:手机在寒冷的天气里很快就会没电,开机也很缓慢;电动汽车也一样,在寒冷的环境下很容易遇到无法正常工作的麻烦。所以,性能优异的电池必须解决低温冷启动的问题。锂电池的低温性能仅靠改进磷酸铁锂正极材料是不够的,还要对电池的整个化学体系进行设计,包括负极和电解液的选择、制造方法的设计和工艺优化等。换句话说,用什么材料制备,怎么制备,在什么条件下制备,都会影响电池的低温性能。

马紫峰团队发明了一种电解液配制及涂覆的方法,从而制备得到具有超高倍率和超长循环寿命的纳米磷酸铁锂动力电池,这种方法也能够改善整个电池的低温性能,解决低温冷启动的问题。

2004年以来,马紫峰团队联合比亚迪、中聚电池、江苏乐能等企业,构建起具有自主知识产权的磷酸铁锂动力电池技术体系,使其在新能源汽车和储能系统中得到广泛应用。团队还与比亚迪合作,开展磷酸铁锂电池储能系统低成本化的关键技术研究,使磷酸铁锂电池的应用领域从新能源汽车拓展到智能电网储能系统。2016年,由马紫峰担任首席专家的江苏乐能2.56万吨/年纳米磷酸铁锂生产线建成，产品应用于众多知名电池企业。团队的研究成果不仅在材料合成、工艺与电池设计等方面处于国际先进水平，在产学研的探索实践上也走在了前列。2018年，马紫峰团队牵头的“磷酸铁锂动力电池制造及其应用过程关键技术”荣获国家科学技术进步奖二等奖。

精准预测电池的状态

电池的状态包括很多方面，例如荷电状态、健康状态、功率状态。不过，我们关注最多的还是荷电状态，简单来说，就是电池还剩下多少电量。

当电池电量较低时，它会提示我们该充电了。那么，怎样监测电池的荷电状态呢？马紫峰团队创新性地借鉴了化工系统工程的方法，把电池放电曲线上各个参数的变化看作化学反应工程中反应器里压力、温度、物质浓度的变化，而这些变化过程可以用数学模型来精确地描述出来——当然，我们希望描述得越精确越好。

锂电池的充电和放电过程，实际上是一个化学反应过程。这个化学反应过程是包含多个子项的复杂系统，其中既有电化学反应，也有传质过程、电荷转移过程、传热过程等。这个化学反应过程的影响因素也很多，如材料的化学体系、电池内阻、界面效应、开路电压等。把这些因素拟合成函数并通过大量的实际生产数据加以修正，就是建立电池荷电状态模型的基本思路。

马紫峰团队与比亚迪合作开发出基于滚动时域优化的电池荷电状态在线估计模型，预测精度比国际先进指标提高了约5%，可以达到97%。有了对电池荷电状态的精准预测，就可以开发出高效的电池管理系统，让电池的运行更安全、更可靠。

磷酸铁锂：从基础研究走向工业应用

磷酸铁锂站上储能系统舞台的过程，还要从诺贝尔化学奖得主惠廷厄姆和古迪纳夫的一系列发现说起。

20世纪70年代暴发的石油危机催生了关于新型储能技术的广泛研究，锂离子电池很快成为其中炙手可热的研究领域。不久以后，惠廷厄姆发明了第一个锂离子电池，其正极为锂铝合金，负极为二硫化钛。惠廷厄姆的锂离子电池在商业上获得了巨大成功，这让人们意识到过渡金属化合物作为负极材料的应用潜力。随后，古迪纳夫推测，过渡金属氧化物比起其硫化物更适合用作负极材料，它们在高氧化态时更稳定，而且能产生更高的电势。1996年，古迪纳夫揭示了通过电化学方法从磷酸铁锂中萃取和插入锂的方法，这意味着对磷酸铁锂的电化学性质有了更深入的理解。

磷酸铁锂的制备成本低，安全性高，是具有可持续发展潜力的锂电池正极材料，但是它存在着导电性较低的固有缺陷。于是，许多科研人员投入到了提高其导电性的研究当中。过去几十年里，具有高导电性和比容量的纳米级磷酸铁锂的一些制备路线先后见诸报端，实验还表明，碳包覆是提高导电性的有效方法。

要想获得工业上的广泛应用，就必须考虑制备路线的经济性。根据以往提出的合成路线，目标产物磷酸铁锂的铁原子来源多为反应原料中的$Fe(CH_3CO_2)_2$，磷原子来源多为$(NH_4)_2HPO_4$，它们当中含有碳原子或氮原子，这就使得反应在生成磷酸铁锂的同时，也会不可避免地生成含有碳和氮的副产物（如一氧化碳、氨气等）。马紫峰团队提出的磷酸铁锂合成反应路线，其创新性在于采用了同时含有铁原子和磷原子的磷酸铁作为反应原料之一，这一方面符合原子经济性，提高了反应原料的利用率，另一方面也避免生成污染性气体，从而减少了后续气体纯化装置的资金投入。

（本文作者顾淼飞为《科学画报》记者、编辑。本文经马紫峰教授审核。马紫峰为上海交通大学化学化工学院教授、博士生导师，上海领军人才，“磷酸铁锂动力电池制造及其应用过程关键技术”项目第一完成人。）

重新认识化学键

顾淼飞

元素周期表的所有元素中，实验已知的最高氧化态曾经一直都是+VIII价，而他们证实了铱元素的+IX价氧化态，打破了元素最高氧化态的纪录。

主族元素中曾经被认为只有碳和氮才能形成三键，而他们让硼也挤进了这个“圈子”。

人们原本认为，主族元素和过渡金属元素在成键时各有各的“江湖规矩”，而他们证明了主族元素也有可能采用过渡金属的成键方式，从而让主族元素与过渡金属元素之间的界限不再泾渭分明。

他们，指的是复旦大学周鸣飞教授领衔的“瞬态新奇分子的光谱、成键和反应研究”项目团队。这一项目的研究成果一次次地拓宽、刷新，甚至改写了人们对化学键的认知。2019年1月，该项目荣获2018年度国家自然科学奖二等奖。

“铱”反常“态”

元素周期表上的100多种元素可以被划分为主族元素、过渡金属元素，以及镧系和锕系元素，它们的划分依据是价层的轨道、排布，还有价电子在成键时的“表现”。所谓的“价”，可以理解为元素在化学反应中能拿出来成键的电子数。价电子数反映出元素在化学反应中得失电子的能力，所以元素的价电子数跟它的最高氧化态在数值上往往是相等的。

元素周期表的所有元素中，最高氧化态的纪录曾经是+VIII价，这一纪录的保持者是钌、锇、氙3种元素。不过，根据元素周期律，元素的氧化态按说还可以更高，例如：铱元素拥有9个价电子，理论上极有可能存在超过+VIII价的氧化态。然而，实验证实的铱的氧化态一直止步于+VII价。

铱到底能不能像钌、锇、氙那样形成+VIII价氧化态呢？又到底能不能如理论预测的那样，形成+IX价氧化态呢？

周鸣飞研究团队早在2009年，就采用基质隔离技术制备出四氧化铱分子（IrO_4），并且通过红外吸收光谱分析证实其中铱原子的价电子组态是$5d^1$（即价电子分布在5d轨道上，数目为1个），处于+VIII价氧化态。在此基础上不难进一步做出设想：如果把价层上仅有的这个d电子电离出来，就可以得到四氧化铱阳离子（$[IrO_4]^+$），其中铱的氧化态应该就是+IX价。

但是，这一研究思路实现起来有着不小的难度。暂且不论四氧化铱阳离子的制备难易，对于制备出来的四氧化铱阳离子，怎样才能证明铱在其中的氧化态就是设想中的+IX价呢？

为了表征铱在四氧化铱阳离子中的氧化态，研究团队自主发展建立了一套高灵敏度的串级飞行时间质谱-红外光解离光谱装置。利用这套装置，研究团队证实了四氧化铱阳离子的存在；进一步的量子化学计算表明，在铱的氧化态分别为+VI价、+VII价、+IX价的3种可能的四氧化铱阳离子异构体中，拥有正四面体构型且铱的氧化态为+IX价的异构体能量最低，说明这种异构体最为稳定。

拥有+IX价态的铱元素打破了元素周期表中的氧化态纪录。用美国《科学新闻》杂志的话说："这一发现为许多工业化学反应开辟了新的可能性，并且重新书写了成键规则。这是改变教科书的发现。"这项研究也被美国《化学化工新闻》杂志评选为"2014年十大化学研究"之一。

发现硼硼三键

"瞬态新奇分子的光谱、成键和反应研究"项目专注于研究常规条件下不能稳定存在的瞬态分子，"非常规"的分子常常带给我们一些"非常规"的结论和启示。

过渡金属化合物的成键通常适用供体-受体成键模型。这种理论可以形象地形容为"一来一往"：配体拿出"闲置"电子提供给中心金属原子的空轨道，形成σ键；中心金属原子的部分电子则反馈进入配体的轨道，形成π键。这两方面因素发挥协同作用，从而形成稳定的配位键和稳定存在的配合物。这种成键理论向来只用来描述过渡金属元素的成键过程，而近年来，它也逐渐被用于解释一些主族元素化合物的成键机理。促成这一转变的重要发现之一，正是周鸣飞研究团队关于硼硼三键分子的研究。

硼是一种主族元素，在元素周期表中与碳相邻。虽然是邻居，硼与碳的成键"习惯"却截然不同：碳可以很容易地形成碳碳双键、碳碳三键等多重键，硼却不行，硼的价电子数少于价轨道数，因此更容易形成缺电子多中心键，很难形成多重键。然而，周鸣飞研究团队的工作颠覆了这一传统认知。

通过硼原子与一氧化碳分子在低温惰性气体基质中的反应，研究团队首次制备得到OC-B≡B-CO分子。这是一个很能说明问题的分子：整个分子是线性的，2个硼原子以三键的形式结合在一起，说明硼也能形成三键，它是继碳、氮之后第三个能够形成三键的主族元素；更重要的是，2个硼原子组成的单元和一氧化碳配体之间是通过σ-π配位键结合的，这说明原本只适用于过渡金属化合物的供体-受体成键模型也可以推广到主族化合物体系。

毫无疑问，这一结论打开了理解主族化合物的新视角：既然主族元素化合物能糅合过渡金属化合物的成键性质和反应活性，那么就意味着，一些原本被认为只能发生在过渡金属身上的催化反应，也可能发生在主族元素。

"族"的界限

通常来说，主族元素在成键时遵循8电子规则：让原子的价层排满8个电子，从而达到稳定状态。而对于过渡金属来说，成键规则变成了18电子规则：它们的原子与配体在成键时，会尽可能填满总共能够容纳18个电子的各价层轨道。不同的成键性质使得主族元素和过渡金属元素的界限泾渭分明。

钙、锶和钡是典型的主族元素，按说会毫无悬念地遵循8电子规则——形成离子键，或者通过2个价电子形成极性共价键。然而，周鸣飞研究团队发现，它们也可以按照18电子规则形成稳定的八羰基化合物，这再次打破了我们对化学键理论的既有认知。

前面已经提到，过渡金属能够通过σ-π配位键与配体形成稳定的化合物。当配体是一氧化碳时，形成的化合物就是羰基化合物。形成σ-π配位键的一个必要条件，就是中心金属原子有d轨道电子。但是，钙、锶和钡等碱土金属元素恰好不满足这个条件，它们的d轨道上空空如也，并没有电子，所以人们一直认为它们无法像过渡金属一样与一氧化碳配体形成稳定的羰基化合物。但是，碱土金属元素的s轨道上有2个电子，如果能把这2个电子激发到能量较高的d轨道上，d轨道上不就有电子了吗？

这一设想并非空穴来风。事实上，已经有早期研究将钡看作是“荣誉过渡金属”，认为它有可能通过5d轨道参与成键，形成羰基钡离子。利用了5d轨道的羰基钡离子其实潜在地满足了σ-π配位键的成键条件，既然如此，制备符合18电子规则的钡的八羰基化合物也并非不可能。

令人惊喜的是，实验证明，不仅钡能生成稳定的八羰基化合物，比钡的原子质量更轻的钙和锶也能在低温和氖基质的条件下实现这一点。其中的道理不难理解，只要配合物的结合能大于将s轨道电子激发到d轨道所需要的能量，这个过程就是“划算”的，一个“划算”的化学反应当然是有可能发生的。

一系列碱土金属元素的八羰基化合物的发现，表明主族元素有时也具有过渡金属元素的化学性质，这两种元素之间的界限也许并不像此前认为的那样泾渭分明。这时，我们再回过头来看看本文的开头——我们对元素在元素周期表上的划分是否简单粗暴了些？价电子的“表现”，也就是成键性质是否还能作为划分元素类别的依据呢？显然，我们对元素及其成键规律的认识还远远不够。

（本文作者顾森飞为《科学画报》记者、编辑。）

变废为宝，炼厂尾气“变身”高值化学品

中国石化上海石油化工研究院

石油化工是我国的支柱产业之一，随着我国经济的不断发展，石油进口量与消费量与日俱增，对外依存度已超过70%。石油及其衍生品的用途非常广，我们日常生活中的许多物品都是由它们经过一系列化学反应生产出来的，比如家用电器、服装、汽车外壳等。

炼油装置在对石油进行炼制加工的同时，也不可避免地产生大量副产品，其中之一就是稀乙烯。“稀”的意思是乙烯在其中的浓度很低，质量分数只有10%~20%。稀乙烯虽然浓度不高，但是量比较多，我国炼厂每年产生的稀乙烯副产品达到上千万吨，相当于2个百万吨级乙烯工厂的产量。大多数企业将稀乙烯作为低品位燃料气直接烧掉，造成严重的资源浪费和环境污染。如果能利用这些稀乙烯生产高附加值的化工产品，炼厂将节约大量石油资源。所以说，发展稀乙烯增值转化技术是炼油化工产业实现降本增效和绿色发展的重大课题之一。

变废为宝的出路在哪里

稀乙烯是一种劣质资源，它含有的乙烯浓度很低，杂质组分多且复杂，转化难度很大。通过精制分离来回收乙烯的工艺投资大、成本高，令许多企业望而却步。

能不能转化思路，使稀乙烯不经精制分离，而是直接通过催化转化生产乙苯呢？乙苯是重要的有机化学品，主要用于生产苯乙烯，进而制造工程

塑料、合成树脂及合成橡胶等，用途广泛，需求巨大。按照这一思路，稀乙烯的分离和乙苯的合成能够同时进行，这是极具经济性的途径。

已有技术中，美国埃克森美孚公司将稀乙烯深冷精制再催化转化，从而避开了催化剂活性和稳定性低的难题。这种做法虽然提高了催化转化效率，却属于高能耗转化，经济性不过关，因此没有得到推广。国内同类技术不经深冷分离，直接催化转化，这种做法则难以克服原料杂质对催化剂活性、稳定性及产品质量的影响，乙烯利用率低，是低效率转化。

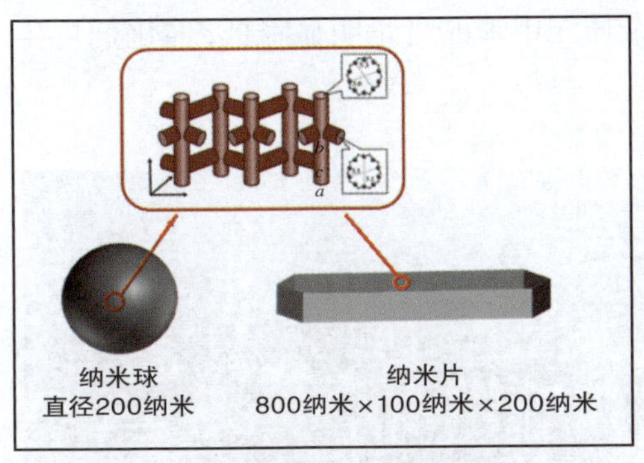

分子筛催化材料示意图

中国石油化工集团有限公司下属的上海石油化工研究院、洛阳工程有限公司、石油化工科学研究院、青岛炼油化工有限责任公司以及中国海洋石油集团有限公司下属的宁波大榭石化有限公司等单位组成的联合研究团队认为，要想实现稀乙烯的增值转化，就必须突破来自催化剂和工艺技术两方面的瓶颈。具体来说，既要开发出在低浓度下仍能保持高活性、良好的抗杂质性、高选择性、长周期稳定性的催化剂，又要通过改进工艺技术实现乙烯的高利用率、产品的高质量、反应和分离的低能耗。

从催化材料入手，解决关键科学问题

在稀乙烯转化制乙苯的反应中，由于反应原料之一的乙烯含量很低，杂质又十分复杂，而且原料之间的接触时间很短，因此该反应对催化剂的活性和稳定性提出了更高要求。

如何提高催化剂的活性呢？我们知道，在一个催化反应中，反应物先是在反应体系中扩散，进而到达催化剂的活性中心，然后活性中心发生反应物吸附、化学反应和产物脱附的过程，产物从催化剂扩散出来，最后一步是产物扩散到整个反应体系中。

研究团队从提高催化剂的扩散效率入手，研究了分子筛扩散性能对同类反应的影响规律，创造性地提出了通过分子筛晶面生长的控制来促进扩散，进而提高活性中心利用率和催化剂稳定性的新思路。同时，团队克服了纳米形貌MFI型分子筛合成难题，创制了小晶粒纳米球状和*b*轴取向纳米片状两种形貌择向的分子筛材料，并且在此基础上成功开发了两代烷基化工业催化剂。这种催化剂具有优良的扩散性能，与同类技术相比，乙烯转化率实现了大幅度提高，产物中关键杂质二甲苯的含量明显降低，催化剂再生周期延长了2~3倍。

然而催化剂的问题并没有完全解决，因为这一反应不仅生成目标产物乙苯，还会伴随生成二乙苯、丙苯、乙基丙苯等，它们需要通过后续的烷基转移反应转化成乙苯，但是在烷基转移反应中，乙基丙苯等重芳烃容易堵塞催化剂孔道，降低催化剂活性。为了解决这一问题，研究团队提出了通过降低重组分扩散限制来提高催化剂活性的思路，创制了贯通多级孔高硅FAU型分子筛，开发了低温高活性二乙苯与苯烷基转移催化剂。采用这种催化剂的技术与同类技术相比，反应温度降低了50℃，且二乙苯转化率明显提高，催化剂寿命明显延长。

稀乙烯制乙苯工业装置

集成预处理、反应和分离的创新工艺

稀乙烯资源来源广泛，来自流化催化裂化（FCC）、深度催化裂解（DCC）、甲醇制丙烯（MTP）等不同装置的稀乙烯原料组成差异很大，因而对工艺技术的普适性提出了更高的要求。

研究团队不再执着于严苛的原料精制，而是通过集成二次解析稀乙烯预处理回收创新技术、动力学控制的床层分段独创技术和高效脱杂分离新工艺等，成功开发了低苯烯比烷基化、低温烷基转移节能反应工艺及高效热集成技术。这套工艺方法不仅能够显著降低能耗，而且使稀乙烯资源的利用率得到了大幅提升，对提高炼厂的经济效益、适应多种稀乙烯原料来源、降低乙苯产品的生产成本等方面均具有重要意义。与同类技术相比，这套工艺技术的乙烯总回收率提高到了96%以上，原料苯的物耗降低了6%。

科技创新实现成果转化，绿色化工践行绿色发展

研究团队历经十余年的持续创新，完成了稀乙烯增值转化制乙苯高效催化剂和成套技术的开发，其各项运行指标超越国内外同类技术，整体水平达到国际领先水平。该技术已经应用于多家生产企业，包括中国石化、中国石油、中海石油、中国化工以及众多民营企业。2016年，30万吨/年稀乙烯制乙苯装置在宁波建成，这是世界上规模最大的稀乙烯制乙苯装置。

稀乙烯增值转化技术的成功开发和推广应用，已实现全国20%以上的稀乙烯副产品的资源化利用，为我国炼油化工企业降本增效、促进资源节约的可持续发展提供了重要的技术支撑。该系列成果取得国家发明专利授权36项，形成中国石化专有技术5项，获得中国石化科技进步奖一等奖、上海市科技进步奖一等奖、2018年度国家科技进步奖二等奖等荣誉奖项。

习近平总书记曾指出："绿水青山就是金山银山。"全面发展绿色化工是我国走向化工强国的必经之路。研发团队将继续聚焦和服务于国家重大需求，切实践行绿色发展战略，开发具有自主知识产权的绿色化工技术，不断地将绿色化工做大、做强、做精，为我国石油化工产业的创新和转型做出更多贡献，在我国迈向化工强国的征程中添上精彩的一笔。

黑色+金色=绿色

徐 梅

很多人对二氧化钛并不陌生，在防晒霜中经常可以看到它。防晒霜中添加的二氧化钛是白色的，近年来，科学家却热衷于将二氧化钛变成黑色。黑色纳米二氧化钛太阳能电池可将金色的阳光转化为绿色的电能，为人类解决能源和环境问题提供一条有效的途径。

从凹面镜到太阳能电池

太阳慷慨地将光和热惠泽地球万物，人类很早就开始有意识地利用太阳能来促进生产、改善生活。例如：中国古代建筑的房门大多朝南，便于冬季驱寒取暖。至今很多地方还保留着六月六“晒衣节”或“晒虫节”的习俗，目的是用阳光干燥衣物，防霉防蛀。在周代，古人即能用燧“取火于日”，也就是用凹面镜聚焦阳光生火。

当然，古人对太阳能的利用比较原始，直到100多年前科学家发现了光伏效应，人类对太阳能的利用才发生了飞跃。1954年，第一个太阳能电池问世，有媒体称其开启了“使无限阳光为人类文明服务的新时代”。

随着工业文明的迅猛发展，现代社会对能源的需求越来越大，与此同时，传统的化石燃料带来的环境污染严重威胁着人类赖以生存的地球家园。太阳能作为取之不尽、用之不竭的洁净能源，日益受到重视，世界各国纷纷投入太阳能光电材料和器件研究中。

太阳能电池是用半导体材料制成的光电转换装置，最常见的材料是硅。第一个太阳能电池就是单晶硅太阳能电池。硅（包括单晶硅、多晶硅、非晶硅）太阳能电池现在已经广泛应用于日常生活，是我们最熟悉的太阳能电池。硅太阳能电池的光电转换效率高，但是制作工艺苛刻、材料价格昂贵，所以科学家一直在探索用其他材料制作太阳能电池。

从白色到黑色

1991年，瑞士科学家以纳米二氧化钛为材料，成功研制了世界上第一个纳米晶太阳能电池。此后，纳米二氧化钛太阳能电池成为世界范围的研究热点。

二氧化钛有许多优越的性能，在陶瓷、食品、环境保护、日用品、化妆品、医药等领域均有广泛应用。二氧化钛之所以在太阳能发电领域备受青睐，是因为它的光催化活性高、稳定性好、价格低廉、原料丰富。与硅太阳能电池相比，纳米二氧化钛太阳能电池有许多明显的优点，例如：成本大大降低；可以制成透明的产品；对光线的入射角度不敏感，可充分利用折射光和反射光；可在柔性基底上制备，扩大了应用范围；工作温度高。

但是，作为最重要的光电半导体材料之一，二氧化钛的太阳能利用也面临巨大的挑战，主要原因在于光吸收范围窄、电子-空穴对的分离效率低。

二氧化钛只能吸收约占太阳光谱5%的紫外光，无法利用可见光和近红外光的能量。它的本征电导率低，不利于光生电子-空穴对的分离和传输，而不能轻易分离的电子-空穴对最终会影响太阳能电池的效率。在这些缺点的制约之下，二氧化钛在太阳能发电领域的潜力难以充分发挥。

研究人员通过多种方式来改善二氧化钛材料的性能，以提高其电子-空穴对的分离效率，拓展其光谱响应范围。2011年，有科学家制备出了黑色的二氧化钛纳米材料，它可以有效吸收可见光，光催化性能极佳。这引发了研究人员对黑色二氧化钛纳米材料的极大关注。

更宽的光谱

中国科学院上海硅酸盐研究所先进材料与新能源应用课题组是国内最早开展黑色二氧化钛研究的团队之一。经过多年攻关，科研人员原创性地发展出多种新型制备方法，大幅提高了黑色二氧化钛对太阳光谱中可见光和近红外光的吸收，效果明显。

他们制备的黑色二氧化钛纳米晶具有独特的核壳结构，其核区为结晶的二氧化钛，外壳为无定形结构。其中无序的外壳是使白色二氧化钛变成黑色的功能区域，包含氧空位或非金属掺杂。这种结构对太阳光的吸收率高达85%，远优于之前的文献报道（30%）。这些黑色二氧化钛具有良好的太阳能宽谱吸收性、化学物理稳定性以及改善的载流子浓度和电子迁移性能，可以满足高效利用太阳能的要求。

黑色二氧化钛材料在宽太阳光谱上的成功应用，验证了太阳能高效利用的可行性。《德国化学评论》对该研究成果做了专题报道，认为其在新能源领域的应用前景广阔，可用于太阳能发电、光催化制氢、环境污染物降解、抗菌消毒等。国内外光电材料领域的知名学者纷纷对这一研究成果予以充分肯定。该团队宏量制备的黑色二氧化钛获得国际同行认可，多家国际机构前来购买样品，用于环境保护。

全链条研究

该团队在黑色二氧化钛研究上的突破绝非偶然。他们的目光从来没有局限于某个具体的材料，而是聚焦于太阳能电池光电转换材料和器件中存在的关键科学问题，系统开展从原理探究、材料结构设计、性能调控到器件制备技术的全链条研究。

想要解决光电材料领域存在的问题，首先要弄清其中的原理机制。他们发现了原子基团的“相似相聚”规律，提出了多种物理量协同的“结构功能区”概念和“堆积因子”模型，为设计光电新材料提供了指导原则，其中堆积因子被同行称为“普适模型”。

该团队提出了高效半导体复合结构模型，结合堆积因子的设计思想，提供了半导体体系选择的优选方案，构建了利于光生载流子分离迁移的内置电场，显著提高了太阳能利用效率。

他们还提出了多元材料体系制备的热力学逆向设计原则，为设计材料制备的最优工艺路线提供了新的指导思想。他们发明了铜铟镓硒薄膜太阳能电池的低成本制备新方法，并将相关技术成功应用于光伏示范电站，推动了薄膜太阳能电池行业的发展。

经过不懈的探索，他们取得了一系列原创成果，“面向太阳能利用的高性能光电材料和器件的结构设计与性能调控”项目荣获2017年度国家自然科学奖二等奖，相关特色研究工作受到国际学术界的广泛认可。

阳光给我们带来温暖和生机，对太阳能发电领域的研究人员来说，它还意味着挑战。太阳能电池诞生至今不过半个多世纪，在高效利用太阳能的道路上还有很多难题，研究人员将继续前行，不断努力。

（本文作者徐梅为《科学画报》记者、编辑。）

给激光器安上最强“玻璃心”

中国科学院上海光学精密机械研究所

它是漂亮的玻璃，如水晶般纯净，透着绚丽的紫红色，外面还裹着一圈淡蓝色的包边。

它是神奇的玻璃，能将微不足道的激光能量放大到不可思议的量级，足以点亮“人造太阳”。

它是神秘的玻璃，仅有几个国家掌握制造它的关键技术。

令人骄傲的是，我国科学家经过不懈努力打破了国外的技术封锁，而且技术达到国际先进水平。

它，就是钕玻璃。

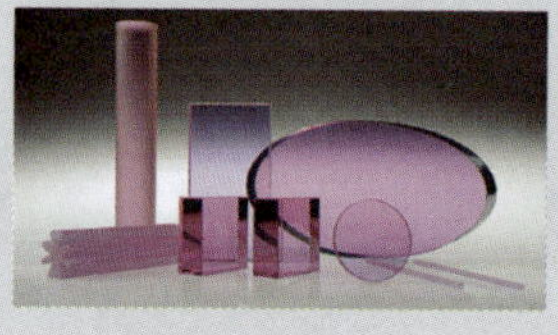

激光器的“心脏”

钕玻璃是一种含有稀土发光离子——钕离子的特殊玻璃，它可以在泵浦光的激发下产生激光或对激光能量进行放大，是激光器的“心脏”。激光钕玻璃是目前人类所知能够输出最大能量的激光工作介质，它的性能直接决定了激光装置输出能量的潜力和质量。

数千片大口径高品质的激光钕玻璃在装置中，就像时刻准备着，只待一声令下就迸发战斗力的千军万马列阵，又像人类心脏一样反复“搏动”和

"接力"，将微不足道（10^{-9}焦）的激光能量放大为"小太阳"量级（10^{6}焦）的能量。

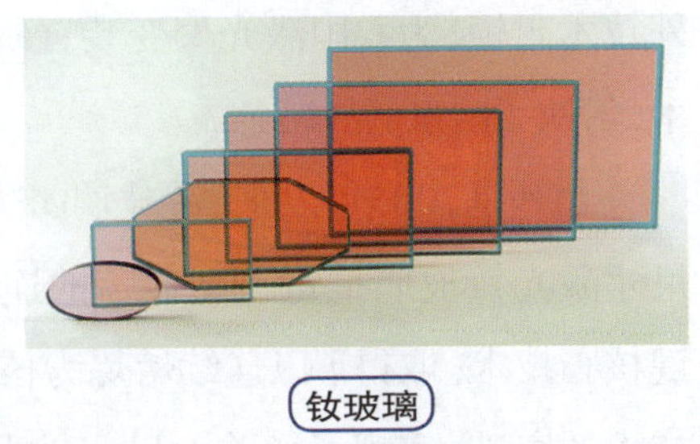
钕玻璃

1焦的能量可以让1瓦的灯泡正常发光1秒。1纳焦只有1焦的十亿分之一，这样的激光微弱得几乎无法察觉。然而，经过一片片钕玻璃之后，这束微光却像被施了魔法般越来越强大，以至于能够引发聚变反应。

钕玻璃拥有普通光学玻璃难以企及的"超能力"，同时也比它们"难伺候"。

它"性格活泼"，动不动就与其他物质"纠缠不清"，连"生性懒惰"的铂都会被它吸引。它还格外"娇气"。大尺寸激光钕玻璃成品须同时符合高光学质量、低应力、无铂颗粒等夹杂物、高一致性等28个技术指标。温度低了，产生裂纹；湿度太大，容易发霉；包边胶的耐环境性差一点，会脱胶；还不能有附加应力，就算用手摸一下，手上的温度也会激发玻璃内部应力变化。

打磨完美玻璃

一般人很难想象把"娇气又活泼"的钕玻璃打磨成"完美玻璃"的艰辛。从1964年起，中国科学院上海光学精密机械研究所（以下简称"上海光机所"）就开始了钕玻璃的研究。经过三代人的努力，钕玻璃团队打破了国

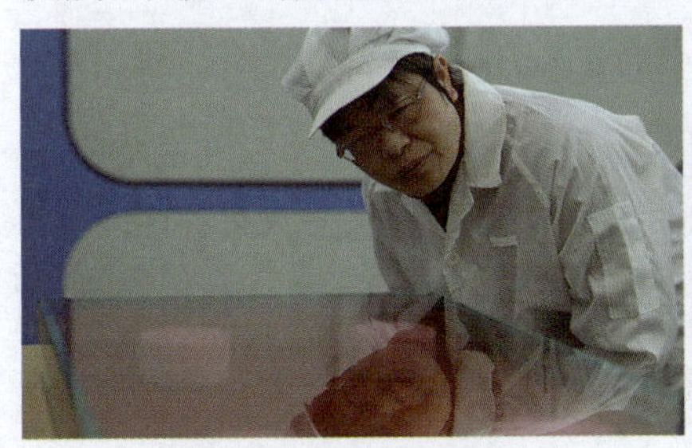
团队负责人胡丽丽

钕玻璃连续熔炼线

外技术封锁，为我国激光聚变装置研制了三代激光钕玻璃及其生产工艺技术，解决了国家的战略急需。

尤其是2005年以来，钕玻璃团队经过10多年持续攻关，逐项攻克了大尺寸激光钕玻璃批量制造涵盖的连续熔炼、精密退火、包边、检测四大关键核心技术；取得了以连续熔炼为核心的大尺寸激光钕玻璃批量制造关键技术的突破；实现了涵盖大尺寸激光钕玻璃连续熔炼、包边和高精度检测的三项核心技术发明；自主发明并建成了具有中国特色的首条大尺寸激光钕玻璃连续熔炼线，实现了大尺寸激光钕玻璃的批量生产。

目前，上海光机所已成为国际上独立掌握钕玻璃元件全流程生产技术的机构。

大尺寸激光钕玻璃成型是连续熔炼工艺中挑战极高的一个技术环节，其流量小，对光学均匀性要求高，却要像“摊大饼”一样达到810毫米×500毫米×55毫米的坯片规格。玻璃黏度大了摊不开，太小又会出现缺陷。3年时间，无数次实验，钕玻璃团队终于啃下了这块“硬骨头”。

在连续熔炼技术攻关的最初阶段，大尺寸钕玻璃总是在封闭式隧道窑中炸裂，这是钕玻璃团队面临的又一个困难。

成型后的钕玻璃温度高达六七百摄氏度，需要在这个隧道窑里待上一星期，逐渐冷却到六七十摄氏度。实验初期，玻璃都在隧道窑里炸裂了。请来的外援专家到现场看了后说，这个问题他们也解决不了，在场的人都沉默了。钕玻璃团队秉着“只能上，不能退”的决心，花了半年时间，重新做方案，改变隧道窑的结构，最终解决了玻璃炸裂的问题。

钕玻璃包边成为阻挡他们前进的又一座大山。原有外购的包边胶存在容易脱胶、收缩大导致钕玻璃炸裂等问题。钕玻璃团队寻找了数家外协单位仍然未解决问题，于是决定自主研发钕玻璃包边胶。通过几年的持续攻关、上万次实验，他们最终研制出满足性能的包边胶，还成功研制出一整套机械化包边工艺，大大提升了钕玻璃包边性能和批量生产效率。

团队负责人胡丽丽说，没有团队的合作，这个项目不可能完成。挑战极限的科研攻关过程中失败是常态，成功来自在一次次失败中吸取和总结教训。这10多年的攻关中，钕玻璃团队所经历的失败不可胜数。每次失败后，大家会互相鼓励和安慰："没关系，会成功的。""我们再换一种方法试一下。"正是由于团队成员齐心协力、精诚合作，他们才最终战胜了困难，取得了钕玻璃批量制备技术的全链路技术攻关的成果。

目前，团队研制的激光钕玻璃已经成功应用于我国"神光"系列激光装置和上海超强超短激光实验装置。看似脆弱的钕玻璃成为激光器的强大"心脏"，帮助科学家创造"人造太阳"，获得取之不尽、用之不竭的清洁能源；帮助他们解开物质世界的奥秘，回答宇宙起源等前沿科学问题。

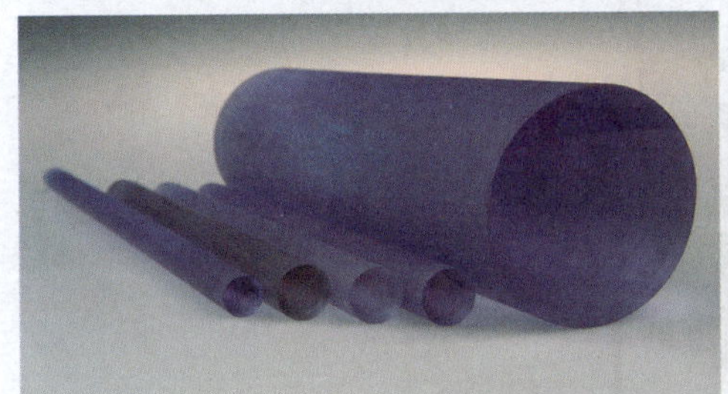

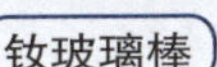

钕玻璃棒

工作人员检查钕玻璃

给激光器打造最强韧的“血管”

中国科学院上海光学精密机械研究所

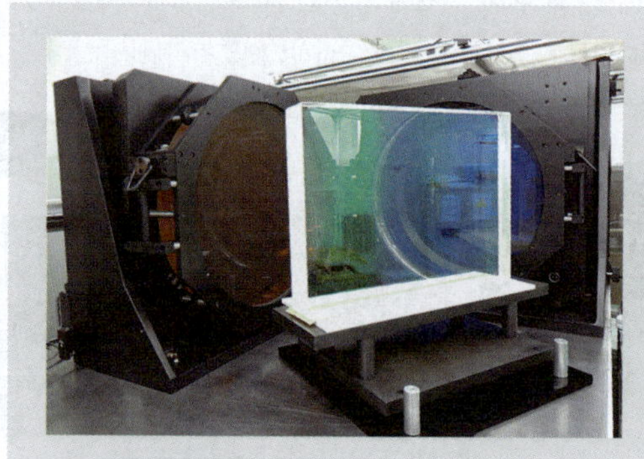

激光是最强的人造光，其能量足以在地球上制造“人造太阳”。你可能不知道，点亮“人造太阳”离不开一种看似不起眼甚至颇为脆弱的材料——高功率激光薄膜。

薄如蝉翼的“血管”

高功率激光薄膜薄如蝉翼，它附着在透明的玻璃基底上，肉眼几乎看不出来，但是它就像人体的血管一样重要。有了它，科学家才能让只知道直线前行的激光乖乖“听话”，完全按照人类的意愿，有次序地奔赴同一靶点。

在激光聚变、超强超短激光等装置中，有成千上万件不同口径的薄膜元件。这些元件不但要抵挡住“所向无敌”的高能激光的冲击，保障高功率激光装置不会“自伤”，还要高效地“指挥”激光向靶点前进，引导激光束在装置中传输。可以说，一旦离开高性能的激光薄膜，这些装置将寸步难行。

随着激光装置的功率不断上升，科学家对薄膜的性能要求越来越高。薄膜要足够强韧，才能承受激光的冲击——就像人体的血管，如果不够强韧，很容易因承受不住过高的血压而破裂。但是，高性能激光薄膜很容易

"受伤",因为激光能量的高度集中会导致元件内部或表面局部变形甚至完全被损坏。

元件在单位面积上所能承受的最大激光功率被称作"激光损伤阈值"。它代表薄膜元件"控制指挥"激光的能力,其数值决定了薄膜元件能不能把激光能量完整地"护送"到靶点。它是衡量激光薄膜元件性能的一项"金指标"。

半世纪接力奋斗

作为保证激光在高功率激光系统中按设计要求传输的关键器件之一,激光薄膜元件在惯性约束聚变激光、超强超短激光、空间激光等领域有广泛而重要的用途,其品质在很大程度上决定了激光系统运行的负荷强度、可靠性和光束的质量。然而,很长一段时间里,我国高性能、大尺寸激光薄膜元件制备技术远远落后于国际先进水平;同时,西方国家长期以来对我国实施严密的技术封锁和产品禁运。相关技术成为许多国防战略和国民经济高新技术领域发展的主要瓶颈之一。为了突破这一难关,中国科学院上海光学精密机械研究所(以下简称"上海光机所")的科研人员接力奋斗了半个多世纪。

1964年,上海光机所建所,薄膜光学实验室同步成立,成为中国第一支专业从事激光薄膜研究的团队。半个多世纪以来,四代科研人员攻坚克难,紧紧聚焦大能量与高功率激光这个国家重大战略需求,提出并逐步完善了激光薄膜研制全流程控制的系统工程解决方案,攻克了系列关键技术难题,成功建立了应用基础研究、关键技术攻关与工程应用的自主创新生态链,取得了具有自主知识产权的重大创新成果。

高性能激光薄膜的制备是一项复杂的系统工程,涉及多个交叉学科。研究人员既要考虑薄膜设计与制备,也要关注原材料和元件的检测,以及激光与薄膜态材料的相互作用。经过抽丝剥茧般的梳理,团队终于确定了"重中之重"——如何找到并消除薄膜中的缺陷。这谈何容易,因为要在直径近1米的薄膜元件中找出微米级的缺陷，其难度就好比在一座大型城市中精确寻找到一颗随机放置的沙粒。

经过不懈的探索，团队发明了薄膜光热吸收测试装置和方法，实现了缺陷3D分布的快速探测，得出了损伤点多起源于基底–膜层界面的结论。在此基础上，团队提出了激光"预植"缺陷技术，揭示了基底–膜层缺陷的耦合机制。

他们从各工序最大限度地抑制缺陷源，开发了新型"无界面"多层膜沉积技术，通过双源共蒸实现两种镀膜材料交替界面的连续过渡，有效解决了界面缺陷密度高、结合力差、存在驻波场和应力突变的问题。

团队意识到，完美的"零缺陷"大口径基片是不存在的。为此他们创新性地提出结构性缺陷"缝合"技术，使得结构性缺陷处损伤阈值接近无缺陷膜层。

不断挑战新高度

有了足够强韧的薄膜，激光装置功率才可能冲击新高度。上海光机所薄膜光学实验室作为唯一供货单位，为我国"神光"系列聚变点火装置提供了所有偏振薄膜元件。"神光"装置几度升级，对薄膜的要求不断提升，这

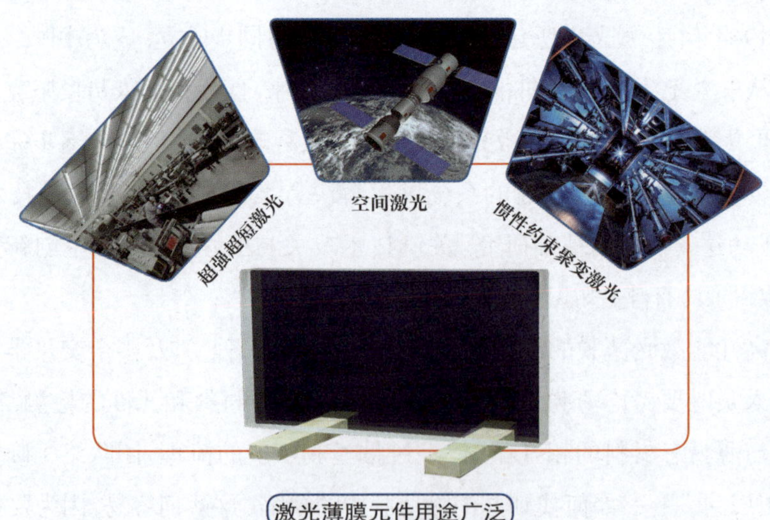

激光薄膜元件用途广泛

支团队始终能研制出保障装置运行的激光薄膜，有力地支撑了我国下一代激光聚变点火装置的研制。

他们的成果支撑上海超强超短激光装置实现了10拍瓦国际最高激光放大输出功率，使我国在该领域占据国际制高点。该团队还将继续支撑100拍瓦装置的建设。据悉，“神光”装置需要薄膜能够承受纳秒级的激光冲击，而100拍瓦超强超短激光装置则对薄膜提出了飞秒级的更高要求。团队成员满怀信心，迎接又一次挑战。

此外，他们研制的激光薄膜元件还成功应用于神舟与天宫交会对接系统和多项空间型号工程任务，简化了光路结构，降低了载荷……

从跟跑到超越

上海光机所薄膜光学实验室的“大尺寸高性能激光偏振薄膜元件成套制备工艺技术及应用”项目获得2018年度国家技术发明奖二等奖。

2019年，在竞争激烈的基频激光反射薄膜损伤阈值国际竞赛中，上海光机所薄膜光学实验室研制的激光反射薄膜脱颖而出，以领先第二名65%的绝对优势勇夺世界第一。

该竞赛由美国劳伦斯利弗莫尔国家实验室发起，代表光学材料激光损伤研究领域的国际最高水平。上海光机所参加了8次，与前几次相比，此次他们的优势更加明显。这表明，中国能生产出世界上最强韧的激光薄膜。在国际范围内的激光薄膜损伤阈值提升竞争中，中国从跟跑、并跑，最终实现了超越。

更令人自豪的是，这是一支完全由中国自主培养的团队，团队里没有一位获得海外学位的成员。为了将脆弱的激光薄膜打造成强韧的“血管”，团队的几代成员锲而不舍，忘我追求。他们在激光损伤与反激光的“矛”与“盾”的较量中，坚定执着地追求“打不坏”的激光薄膜。这支看似普普通通的团队，敢为人先，锐意进取，才逐步斩获并保持世界第一，实现了我国高功率激光薄膜技术的跨越发展。

能“上天入海”的绳索

徐 梅

一根绳子能做什么？结绳记事，捆扎物品，制作中国结……其实，绳子的用途不止这些。从潜入深海的“蛟龙”号载人潜水器，到飞向火星的“天问一号”探测器，大国重器上天入海都离不开各种绳子。当然，它们使用的不是普通的绳子，而是高性能特种编织物。

填补国内外空白

高性能特种编织物指用高性能纤维经特种编织技术与装备编织成型的绳缆、带、网和管类编织物，它们具有超高可靠性、超高比强度、超长超大尺寸、延伸率精准可控、耐高压、耐腐蚀、耐高低温、耐磨损、功能与结构独特等优点。高性能特种编织物可用于飞船返回舱回收救援、航母系泊锚泊、深潜器安全防护与通信、海洋军工伪装等尖端国防领域，在远洋科考、救援与打捞、电力缆牵引、高空作业、公共安全与防护等诸多民生领域也有重大需求。

随着我国综合国力迅速上升，对国家重大战略以及重要民生领域的高端技术与装备的需求不断增长，研发高性能特种编织物编织技术与装备迫在眉睫。相关研究首先要解决精确成型的难题，因为特种编织物如果不能精确成型，其高性能就无法实现。然而，高性能特种编织物的精确成型技术与装备不是长期被国外垄断，就是在国内尚属空白。

为了突破行业瓶颈，东华大学联合江苏徐州恒辉编织机械有限公司、江苏泰安鲁普耐特集团有限公司和山东青岛海丽雅集团有限公司等行业龙头企业，组成一支产学研结合的团队。经过近10年攻关，项目团队取得了一系列重大创新。

项目团队提出了特种编织物数字化设计与精确成型理论，发明了无接头扣环绳缆、多层复合绳缆、特种管类编织物等多类型特种编织物自动编织技术，研制了五大类特种编织机成套装备，实现了成型工艺参数精确调控、产品精确成型和高性能化。项目成果打破了国外的技术垄断，填补了多项国内外空白，有力推动了行业发展与产业升级，深刻影响了国际高技术纺织品产业的格局。

“上天入海”的“特种兵”

高性能特种编织物具有多种高性能，堪称编织物中的“特种兵”。项目团队研发的高性能特种编织物已经广泛应用于“蛟龙”号载人潜水器、“科学”号海洋科考船、国家战略先导海洋科学项目、大型飞船返回舱、万米深渊级科考、深海潜标实时传输等重大科研项目。有人形象地说，他们研制的是能够“上天入海”的绳索。他们的产品替代了进口产品，达到国际先进水平，打破了长期以来欧美绳索称霸世界的局面。

以船用缆绳为例。当遭遇极端天气或发生事故时，缆绳有可能因超负荷而断裂。绷紧的缆绳内部储存的能量迅速释放，缆绳会发生猛烈回弹，高速扫向岸边或甲板，导致周围人员伤亡。分次断裂技术能够有效提高缆绳的安全性。这种技术能让缆绳在意外来临时分多次断裂，既能削弱缆绳的回弹冲击力，还能让缆绳首次断裂时发出的巨响作为警报，让人们有足够的时间进行突发情况的应急处理，保护人身和设备的安全。

多年来，分次断裂技术一直牢牢掌握在美国人手中。项目团队经过不懈努力，攻克了技术难关，成功为这项高精尖技术刻上了中国印记。

忠诚和坚守

科技创新的背后是团队成员对事业的忠诚和坚守。无论面对什么挑战，他们都不会失去做好、做成功的决心和信心。团队曾在碳纤维复合材料大尺寸结构件预成型体的研究中久攻不克，前前后后花了一年时间才解决问题。用团队负责人孙以泽教授的话说："每一项关键技术的突破都凝结了团队成员很多个难眠之夜以及机器人般的工作方式。"

2009年夏，我国自主研制的载人潜水器"蛟龙"号即将海试，潜水器顶部需要安装一盘长达9 000米的救生绳索，一旦发生全部抛载还无法上浮的事故，就由母船通过这根绳索把潜水器拉上来。接到任务后，项目团队第一时间组成了攻坚小组日夜攻关。几个月的时间，团队成员吃住在工业园，天天搞研究，不仅在车间试制，还到海上做现场试验。看似普通的一根绳索，制作过程却需要十几道工序，每一道工序又要经过几十次甚至几百次的试验。经过连续奋战，他们提前完成任务，交出了一条合格的绳索。其强度是同直径钢缆的5倍。可以说，这是一根用创新技术铸就的名副其实的"救命绳"。

向远方延伸

目前，项目成果已实现大规模产业化。特种编织装备占国内25%以上市场份额，出口到60多个国家；高性能特种编织物出口到80多个国家。在 2018年度国家科学技术奖励大会上，"高性能特种编织物编织技术与装备及其产业化"项目荣获国家科学技术进步二等奖。

项目团队没有停下脚步，他们在科学研究的道路上继续忘我前行。2020年7月我国首次火星探测任务"天问一号"探测器发射成功。这一国家重大科研工程中也应用了高性能特种编织物及相关技术，其中包括为着陆器提供着陆伞绳连接技术，以及用于着陆器耐冲击试验的特种弹性绳索。

据介绍，火星探测器要在短短7分钟内将时速从2万千米降至零，从而实现安全着陆。这被称为"黑色7分钟"。团队经过上万次实验，发明了绳索插接技术，确保火星探测器在历经"黑色7分钟"后，着陆器降落伞的伞绳与着陆器以及降落伞依然完美连接。

在探测器正式发射之前进行的地面试验中，团队定向研发了一款特种弹性绳索，替代了大型金属弹簧。经过一年多时间、上千次绳索试验，最终试验数据的稳定性和精度远超专家预期，确保了着陆器耐冲击地面模拟试验的顺利进行。

随着高性能特种编织物的需求日益增长，新的需求、新的产业将不断产生，每个细分行业也会有更广阔的发展空间，不断产生新的应用领域，形成新的产业。项目团队正在针对高性能特种编织物的特殊需求，在编织成型工艺、实现机构、控制算法、捻度与张力控制等方面开展持续深入系统的研究，让技术、装备与产品不断适应高性能纤维材料领域日新月异的需求。

（本文作者徐梅为《科学画报》记者、编辑。）

织出绿色未来

徐 梅

冬去春来，人们纷纷脱下厚重的冬装，线上线下的各大商家开始热火朝天地推销春季新装。在喜滋滋地挑选新衣服的时候，你有没有想过：一件小小的衣服和环保有什么关系？我们淘汰的旧衣服又去了哪里呢？记者带着这些问题采访了东华大学材料科学与工程学院王华平研究员。

被忽视的问题

说到环保，我们首先想到的总是汽车、家电等，却常常忽视了穿在我们身上的服装。其实，与其他任何工业产品一样，服装从原料生产、加工、流通、使用，一直到废弃处理，每一个环节都可能对环境造成污染。

我们知道，化纤的原材料大多来自石油。随着人们环保意识增强，很多消费者会选择棉、毛等天然纤维制成的服装。实际上，这些服装不一定比化纤面料的服装更环保。例如：种植棉花需要消耗大量土地和水资源，还要使用杀虫剂等有害化学品；棉布织好以后要经染色、定型等多道工序才能拿去做服装，其中每个环节都会耗费许多能源；因为棉布不易干、容易变形，棉质衣服往往需要烘干、熨烫，能耗也很大。

服装在生产和使用过程中的环境影响比较“隐蔽”，对很多人来说，服装与环保的关系直接体现在废旧衣物处理环节。近年来，上海等不少城市推行生活垃圾分类，很多人已经熟悉了基本的分类方法，知道可回收物主要包括玻璃、金属、塑料、纸张、织物这五大类。在很多人看来，只要把淘汰的衣服塞进回收箱就可以了，接下来它们就能“重获新生”，实现资源再利用。实际上，废旧纺织品的回收利用并没有我们想得那么简单。

巨量废品严重威胁环境

王华平介绍，纺织品从材质上可分为两类：一是天然的，如棉、麻、丝、毛等；二是化学合成的，如涤纶（聚酯）、锦纶、腈纶等。从来源看，废旧纺织品主要分为两类。

第一类是废的，也就是加工过程中的边角料，比如在制作服装的过程中一般要裁剪下15%左右的边角料。2020年中国聚酯纤维的产量是6 000万吨，这意味着产生的废料大约有900万吨；2020年中国纺织纤维总产量达到8 000万吨，那么产生的废料就有1 200万吨。

第二类是旧的。“新三年，旧三年，缝缝补补又三年”的时代早已经过去，服装的功能不再仅限于遮体保暖，而是在一定程度上成为彰显个性和品位的载体。衣服从“不够穿”变成了“穿不完”。特别是近年来所谓“快时尚”流行，服装款式的更新速度越来越快，很多追求“时尚感”的人不停地“买买买”，同时也不断地“扔扔扔”。

即使不热衷于赶时髦，我们家中需要淘汰的纺织品也将越来越多，这是生活品质提高的必然趋势。有数据表明，欧洲国家居民纺织品的平均使用寿命是2.5年，我国是4~5年。节俭是传统美德，但是也要视情况而定。例如：毛巾在长时间使用后，会吸附水中和皮肤上的污垢、油脂、微生物等，所以最好是半年一换；同样，被子也不应该一盖就是十几年甚至几十年。今后，随着人们科学消费的理念逐步增强，家用纺织品的更新频率也会提高。

那么，废旧纺织品到底有多少呢？王华平介绍：虽然不同产品的更新周期不同，但是它们终究有报废的那天。从理论上说，制造多少新的纺织品，就将产生多少废旧纺织品。

如此巨量的废旧纺织品，带来的环境影响也是惊人的。采用填埋的方式处理废旧纺织品会占用大量土地。王华平说，根据测算，1平方米填埋场地，即使挖到3米深也只能埋大约3吨纺织品。如果焚烧则会产生二氧化碳，而且容易产生有毒有害物质。

王华平指出，纺织品在使用过程中会发生纤维脱落，这是微塑料的主要来源之一。此外，废旧纺织品在崩解过程中也会产生微塑料，它们会迁移到土壤中，还会吸附重金属、化学毒素等。他们的一项研究发现：长三角是纺织产业的聚集地，也是纺织品消费的集中区，在这双重因素影响下，长三角成为世界上纺织微塑料污染最严重的地区。

颠覆传统观念

和金属、玻璃等其他可回收物相比，废旧纺织品回收的难度更大，因为一件衣服的成分要比一只塑料瓶复杂得多。看看衣服上的成分标签就能发现，现在很多衣服都是混纺的，很多"纯棉"T恤中往往都添加了少量氨纶等成分。而且，衣服除了面料、里料，还有拉链、纽扣、装饰、填充物等，成分特别复杂，拆解的成本非常高。据统计，我国纺织品回收利用率不足10%，与发达国家存在明显差距。

王华平团队很早就瞄准了纤维回收利用领域，经过多年努力，他们相继攻克一个个难题，取得了很多技术创新，"废旧聚酯高效再生及纤维制备产业化集成技术"项目荣获了2018年度国家科技进步奖二等奖。

很多人认为，再生纤维的质量肯定比不上原生纤维。事实并非如此。王华平介绍，再生纤维的性能足以与原生纤维相媲美，有些品质甚至可以达到"婴儿级"（由于婴儿喜欢啃咬东西，这个级别的安全性相当于"食品级"）。

再生纤维正在颠覆人们的传统观念，用再生纤维制成的服装不再是低端纺织品的代名词。很多大品牌服装企业都宣布，到2030年实现100%使用再生纤维或其他可持续来源的材料，原因是再生纤维的品质高又有利于环保，能够彰显一家企业的社会责任感。这些有影响力企业的举动又进一步推动了再生纤维行业的发展。

推动垃圾资源化处理

王华平的眼光没有局限于技术本身，他更关心的是整个行业乃至未来社会的可持续发展。在后工业革命时代，我们需要反思制造理念和消费理念。循环经济、提高资源回收利用率已经成为国际趋势。中国是人口大国，很多资源短缺，可持续发展对我们来说更为重要，绿色发展已经成为我们的国家战略。

王华平透露，他的团队正在协助推进上海市固体废物无害化、资源化处理示范工程，在此过程中要着力解决断点和痛点。所谓断点就是没有技术。所谓痛点，就是有技术，但不经济。例如，如果回收某种废品无利可图，人们就不会主动回收这些废品。这样一来，即使再好的技术也发挥不了作用。欧洲国家对废品回收予以补贴，就是为了解决这种痛点。王华平希望各个行业、企业、社会机构等在政府引导下共同参与进来，一起推动固体废物无害化、资源化利用。

就纺织行业来说，有很多资源化途径。例如：对于口罩等一次性用品，可以采用生物降解体系以减少对环境的危害。而服装在设计阶段就必须考虑将来的拆解和回收问题，尽量减少混纺的组分。如果必须混纺，就尽量做到"同质异构"，即不同的纤维虽然性能不同，但材质是同样的或者同类的。

关注纺织品全生命周期

穿衣是人们的基本生活需求。一件小小的衣服，在生命中的每一个阶段都会对环境产生影响。对每个人来说，这些影响或许微不足道，但它们累积起来的总量不容忽视，而且，纺织品对环境的影响是持久的，可能持续几十年甚至上百年。所以王华平一直强调，要关注纺织品"全生命周期"的环境影响。

为了让纺织品实现全生命周期的“绿色”，科技工作者还在继续拼搏，作为消费者的我们该做些什么呢？这是你我都需要认真思考的问题。

（本文作者徐梅为《科学画报》记者、编辑。）

洞察天气变幻，防御台风灾害

余 晖

每年入夏后，沿海地区的人们就特别关心一个问题：今年夏天有几个台风？气象预报部门则会及时发布预报，告诉公众：预计有多少台风会影响本地区，让人们心中有数。当台风来袭，气象部门会对台风路径进行预报；公众能够在相关网站上查询台风移动的实时路径；相关部门能够根据预报及时发布预警信息，采取有效措施应对台风可能造成的影响。

近年来，在各方努力之下，人们防范台风灾害的能力不断提升。对于公众来说，最直观的感受就是：虽然台风会带来狂风暴雨，但是它不再像过去那么可怕，因为我们能大致了解它从何处来、将往何处去，有足够的时间做好物资和心理准备。

所有这些都得益于台风监测预报技术的进步。气象学家一直致力于相关科技的研究，在多年实践经验的基础上，完成了“台风监测预报系统关键技术”项目。该项目获得了2018年度国家科学技术进步奖二等奖。

全方位监测

知己知彼，方能百战不殆。要知晓台风生成过程、行进路径、登陆过程等，并进行准确预报，最基本的工作就是对相关气象环境进行准确观测，获得丰富全面的气象信息。虽然我国的气象观测已取得长足进步，但专门针对台风登陆过程的综合观测系统建设和观测策略设计仍存在不足。

科研人员利用“追风车”上的仪器监测台风

项目组设计并建设了我国首个适合登陆台风的海-陆-气一体化协同观测系统。该系统由海上观测平台、陆基观测平台、移动观测平台及大型海洋气象浮标等经科学设计组成，实现了对登陆台风的海基与陆基观测、固定与移动观测的有机结合。

利用该系统，科研人员获取了登陆台风三维流场、边界层结构、海-气交换、风雨精细结构等大量珍贵的直接观测资料，实现了台风登陆全过程精细化协同监测，从观测角度为我国台风登陆物理过程的研究以及台风数值模式关键技术的研发提供了重要的科技支撑。

减少预报误差

我们知道，天气预报早已告别了“一支笔、一张纸”手工计算的年代，随着高性能超级计算机的应用，数值预报产品成为天气预报的主要参考依据。对于台风这样复杂的天气系统来说，数值预报技术显得尤为重要。

项目组在台风数值预报技术研发方面取得令人瞩目的创新性突破，集成了一系列关键技术，建立了新一代台风数值预报系统。台风路径24小时预报误差从2003年的190千米减少到2016年的60千米。

这样的预报水平究竟如何呢？我们可以对比一下同时期国际知名的数值预报模式：欧洲中期预报模式和美国国家环境预报中心模式的台风路径24小时预报误差约为58千米，日本数值模式和英国气象局数值模式的台风路径24小时预报误差约为70千米。由此可见，我国台风数值预报水平已经进入国际先进行列。

建立历史档案

有人或许以为，台风预报只需要朝前看，关注未来的变化。其实不然。

台风研究同样需要“鉴往事,知来者”。台风路径、台风强度、台风风雨以及台风结构等信息,是开展台风科研、预报、防台减灾等工作必不可少的基本资料。准确、全面、详细的历史资料,就像是给每一次台风体检后形成的珍贵档案。随着档案积累得越来越多,人们对台风的认识才会越来越深刻;有了坚实的数据支撑,相关工作才能更加有效地展开。

项目组经过多年努力,整编了台风最佳路径、风雨、外场试验观测、台风预报、台风预报评估、台风遥感、全球大气常规观测和全球大气再分析等8个数据集,建立了亚太地区最完整的台风多源数据库,并基于该数据库构建了西北太平洋热带气旋检索系统。

西北太平洋热带气旋检索系统是一个在现代计算机技术和数据分析技术支持下的台风信息查询分析平台,可对台风多源数据进行综合和关联,并可通过网络快速、多形式地展现查询分析结果。通过检索,用户既能了解台风未来大致的发展趋向,又能根据历史上的相似台风,预计当前台风可能在我国造成的风雨影响强度及落区。此外,该系统还能将卫星遥感图像、模式分析或预报结果、站点观测等多源数据叠加在一起,方便综合分析。

日本东京台风中心、中国香港天文台和美国海军联合台风警报中心也开展了西北太平洋台风资料整编工作,但他们仅有台风最佳路径资料。与之相比,西北太平洋热带气旋检索系统更具完整性。该系统积累了1949年至今的西北太平洋及南海热带气旋资料,集天气气候历史数据、实时观测数据、数理模型预测数据以及预报和评估数据于一体,实现了台风多源数据的融合和深度关联分析,已成为台风科研、预报和服务的必备工具,推动了台风多源数据的共享和应用。

西北太平洋热带气旋检索系统自2011年上线使用至今,获得了中央气象台、上海市气象局和香港天文台等机构的一致好评。公众也可以通过该系统的公众版获得可视化台风预报和预警信息,了解历史台风信息和关于台风的科普知识。此外,该系统还在为国际台风研究贡献中国力量。

由于资料整编技术和需求的不同，各个国家和地区的台风资料存在差异，这给使用相关资料进行台风预报、研究和服务工作带来了不便。开展台风资料的国际交换工作能够有效解决此类问题。西北太平洋热带气旋检索系统中的台风最佳路径数据集作为我国唯一的台风专业数据集，被世界气象组织全球热带气旋资料库收录，还参与了联合国亚太经社会/世界气象组织台风委员会的国际资料交换和比较计划。

提高防灾能力

台风就像性情多变、行踪难测的危险分子，人类与它打了几千年交道，吃了不少苦头。直到现代科学飞速发展以后，我们才对其“脾气秉性”“行事风格”有了一些了解。借助于科技利器，未来我们将对这个难缠的家伙有更加透彻的认识，也将能更好地应对它带来的威胁。

就拿台风观测来说。台风来临，气象部门会出动“追风车”近距离观测；飞机会飞到台风云团中释放探测仪器……海陆空天的各种观测设备形成了一张天罗地网。如今，这个巨网中还在不断涌现新成员：无人机、飞艇，甚至火箭。它们各擅胜场，将帮助人们捕捉更多细节。

各种台风监测设备

气象学家还在积极开展台风基础理论研究，揭示台风的物理规律，洞察其本质。技术手段与基础研究齐头并进，将使得未来的台风监测预报呈现令人无比期待的前景。例如：未来气象部门将能提供更加精细和定量化的台风预报。我们不妨想象一下：台风季节，你收到一条信息，告知一小时后你所在的小区将下暴雨，而你和朋友聚会的商圈天气平稳。于是你将晾晒的衣物收进房间，然后从容地出门赴约。

科技的力量将使人类在变幻莫测的天气面前变得更加强大而自信。那时，台风将不再是危险分子，而会变成一个“熊孩子”——虽然它时常捣乱，但不会给我们带来太多困扰，因为我们足够了解它，也有能力保护自己。

（本文作者余晖为中国气象局上海台风研究所所长。）

打造高端制造业的“利齿”

姚晨辉

上海交通大学陈明教授研究团队用“二十年磨一刀”的坚持，致力于高效切削刀具的国产化，完成的项目“高效切削刀具设计、制备与应用”荣获国家科技进步奖二等奖。

铣刀难题

近十几年来，高铁已经成为我国闪亮的国家名片和新时代的中国地标。在高铁为我们提供出行便利的背后，有很多不为人熟知却非常重要的养护工作。其中，对有着高铁“筋骨”之称的钢轨的养护更是关键一环。每一条钢轨都是有生命的，天冷它会紧缩“身躯”，天热它会舒张“筋骨”。高速列车对钢轨的碾压冲击也会不断加大其伤损。如果钢轨得不到及时养护整形，将直接影响到高铁“奔跑”时的稳定性、舒适度，还会滋生安全隐患。

目前对高铁钢轨进行维护的设备是被称为“钢轨急救车”的铣磨车，它可以对钢轨轮廓铣削整形，及时消除各种缺陷，但是对于铣磨车最核心的部件——铣刀，我国现在仍然没有能力生产，只能从国外进口。

小小的铣刀为何“受制于人”，成为我国高铁养护体系的“卡脖子”环节呢？这就要从我国工业切削刀具的现状谈起了。

机床的“牙齿”

提到刀具，老百姓首先想到的可能是生活中常见的菜刀、水果刀和剪刀，甚至是三国时期武将关羽的青龙偃月刀。但在工业体系中，刀具是机械加工中用于切削、切割、磨削、铣削等工艺的加工工具。刀具是现代工业的基础，广泛应用于各种类型、材质和大小的工件和产品的外形加工。

刀具常常被比喻为机床的“牙齿”，它是现代数字化制造技术的组成部分之一。随着制造业现代化步伐的加快，航空航天、海洋工程、汽车、机械、化工、核电和光伏等各个行业都对高效刀具产生了大量的需求。

在航空航天领域，为了减轻质量、提高性能，近年来大量采用镍基高温合金、钛合金、高强度结构钢等材料，这些材料的加工难度都比较大。此外，像飞机等航空器在制造过程中已逐渐减少铆合构件的使用，改为大量使用整体化构件，即在大块毛坯上去除余量，形成薄壁机构的零件。这些都对切削加工刀具提出了更高的要求，但由于我国刀具行业技术水平的限制，国产高效刀具在航空航天领域的应用只占据了很小的份额。

在老百姓接触更多的像手机等电子产品中，近年来也广泛应用一些超硬新材料，包括玻璃盖板、3D玻璃、陶瓷背板、铝合金壳体、不锈钢中框及结构件等。这也要求切削刀具不断创新，以适应新材料、新工艺发展的需求。

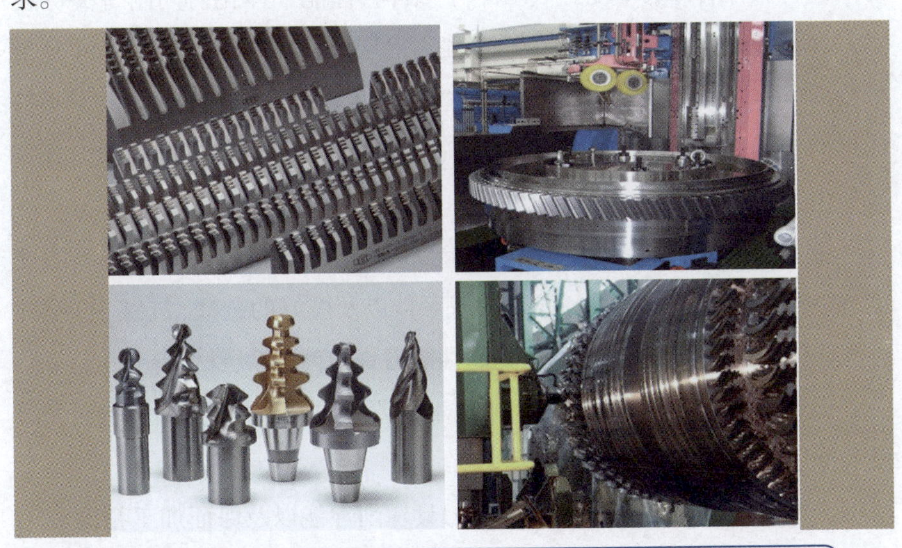

复杂型线刀具应用于重型燃气轮机和汽轮机关键零件高效精密加工生产线

金刚石涂层刀具应用于复合材料加工生产线

为刀具穿上金刚石“外衣”

我国刀具消耗全球第一，但高效刀具长期依赖进口，难以满足进一步降低加工成本和提高重大装备研制国产化水平的要求，实现高效切削刀具国产化已迫在眉睫。

上海交通大学陈明教授团队以刀具国产化作为目标，构建了刀具形性协同设计技术体系；突破了刀具材料-结构-性能一体化协同制备关键技术，发明了形性可控的微纳米复合金刚石涂层刀具制备新技术；提出了复杂型线高速钢刀具高效精密成形新方法；发明了重载高效切削超硬刀具刃口成形新技术；开发出金刚石涂层刀具、复杂型线高速钢刀具和超硬刀具等系列化产品。

金刚石薄膜具有一系列优异性能，它具有十分接近天然金刚石的硬度、高热导率、低摩擦系数、低热膨胀系数以及极好的抗酸、抗碱、抗腐蚀性气体侵蚀的优异性能，从而成为高性能刀具的首选涂层材料。

但是，刀具的金刚石薄膜涂层技术需要解决两个难题：涂层表面光滑度和涂层界面附着强度。

金刚石涂层表面光滑度是影响刀具切削性能以及保证加工精度和工件表面质量的关键因素。陈明研究团队创造性地发展了金刚石微纳米复合涂层成套装备与技术：首先在刀具基体上生长微米级别的柱状晶体，然后再在柱状晶体上生长纳米晶体，成功制备获得兼具高耐磨性与超光滑表面的金刚石涂层，解决了金刚石涂层刀具性能精确调控的问题。

金刚石涂层刀具的另一个问题是金刚石涂层和硬质合金刀具基体之间的附着强度问题。采用化学气相沉积法制备时，典型沉积温度为800~900℃。在沉积过程中，刀具基体中的钴元素向膜–基界面的热扩散会导致严重的催石墨化作用，降低涂层的结合强度。陈明研究团队找到了一种适合硬质合金衬底表面生长中间过渡层的方法，它不但能阻止钴的催石墨化作用，而且有效调制了复合涂层的机械力学性能，满足了刀具的高效切削要求。

这种具有完全自主知识产权的金刚石微纳米复合涂层技术填补了国内空白，基于此技术，国内已建立了十几条金刚石涂层刀具生产线。利用该技术研制的系列化金刚石涂层刀具成为中国商飞唯一指定的国产化刀具，为首架C919客机顺利下线做出了贡献。

科研的道路永无尽头，打破国外高端刀具的垄断和加速刀具国产化，是陈明教授研究团队20多年来一贯坚持的使命和目标。在掌握了金刚石涂层刀具的“硬核”技术之后，该团队又将目光放在了石墨烯/金刚石协同减摩效应模型研究中。希望在不久的将来，小小的刀具不再成为我国制造业的制约因素。

（本文作者姚晨辉为《科学画报》记者、编辑。）

上汽插电混动技术的三项创新

许 政 姚晨辉

近几年，无论是在城市还是乡村，我们在道路上看到越来越多悬挂渐变绿色牌照的汽车，这些汽车都是新能源汽车。新能源汽车是汽车行业应对能源危机和环境污染问题的有力举措。

PHEV：EV+HEV

作为中国汽车行业的龙头企业之一，上海汽车集团股份有限公司（简称上汽）从2008年起，就开始攻关插电式混合动力汽车（简称插电混动汽车/PHEV）的关键技术，并于2009年成立了上海捷能汽车技术有限公司，研发新能源汽车“三电”产品及技术。

为什么要选择研发插电混动汽车，而不是像特斯拉公司那样发展纯电动汽车（EV）呢？

提到这一问题，上汽“低能耗插电式混合动力乘用车关键技术及其产业化”项目主要参与人、教授级高工罗思东侃侃而谈：一切都要从用户需求和市场环境出发。

为了降低机动车尾气排放量，减轻环境污染，我国各地特别是大城市对传统燃油车进行了限号、限行等措施，而新能源汽车大多不受这些措施限制。再加上我国也出台了关于新能源汽车的鼓励及支持政策，例如提供购车补贴等，人们对新能源汽车的购买热情持续高涨。

虽然纯电动汽车的结构相对简单，但其续航里程一般较短，更适合短途出行。要想提高续航里程，必须提高电池的容量，这会造成纯电动汽车成本的居高不下。

插电混动汽车是结合了纯电动汽车与混合动力汽车（HEV）两者优势的一种新能源汽车。它既有传统汽车的发动机、变速器、传动系统、油路、油箱，也有纯电动汽车的电池、电动机、控制电路；既可像纯电动汽车一样实现纯电动、零排放行驶，也能像混合动力汽车一样节能长距离行驶，解决纯电动汽车的里程焦虑问题。

在确定了新能源汽车发展战略之后，项目组马上遇到了一个“拦路虎”。当时，插电混动技术领域的核心技术基本被掌握在国际汽车巨头（如日本丰田汽车公司）手中，它们对其他汽车公司设置了核心技术壁垒。我国要想制造插电混动汽车，要么像有些美国车企一样购买丰田汽车公司的专利使用权，要么就要重起炉灶，研发具有自主产权的插电混动技术。

要想从汽车大国迈向汽车强国，就绝不能在关键技术上受制于人。上汽经过多

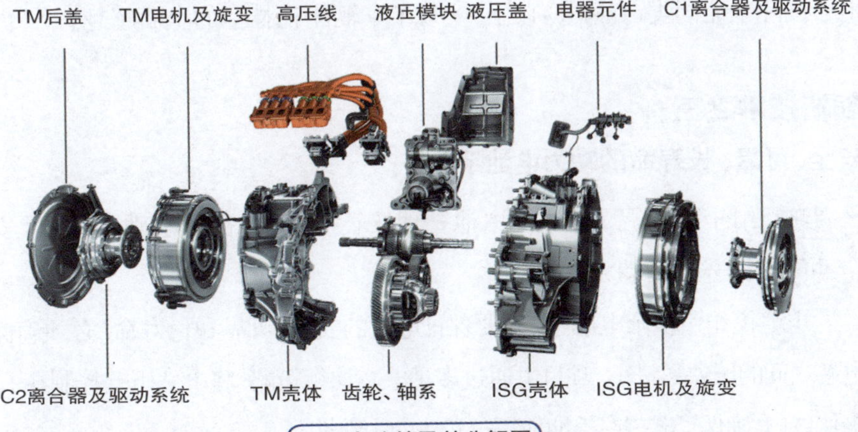

EDU变速箱及其分解图

年的自主研发，在新能源汽车“三电”（电驱、电控、电池）核心技术上实现了里程碑式的突破，实现了能效的全面超越、驾驶性能的大幅提升和运行的安全保障，以智能电驱变速箱（EDU）为核心的插电混动系统解决方案一举成为比肩丰田混动系统（THS）的全球最先进混动技术之一。

创新技术之一：

双电机、双离合器EDU构型

丰田汽车公司的THS技术采用了双电动机行星轮构型，这种结构无法避免多次机械能和电能转换造成的能量损失。上汽的EDU构型采用2个离合器，实现了发动机、ISG电机与驱动电机3个动力源按照最高效率进行自由组合和变速，其机械效率比THS构型提高了2%~5%。该项技术获得了3项国际发明专利。

通过采用高度集成的产品结构，上汽集团的EDU产品轴向长度为390毫米，比THS变速箱还要短19毫米，更有利于发动机舱的合理布局。

创新技术之二：

智能混动控制系统

项目组开发了针对EDU构型的智能混动控制系统，使综合工况碳排放低于国际主流同类产品7.8%以上，实现了车辆能耗指标的全面超越。

创新技术之三：

安全、可靠、长寿命的动力电池系统

项目组全面掌握了领先的电池管理核心技术，并在此基础上开发了安全、可靠、长寿命的动力电池系统。

电池模组由多个电芯组成，要保证电池的安全、可靠和长寿命，必须确保电芯之间的压差尽量小。项目组通过多种电芯均衡策略，将电芯压差控制在了5毫伏之内，确保了电芯在长期使用过程中的一致性。

智能混动控制系统

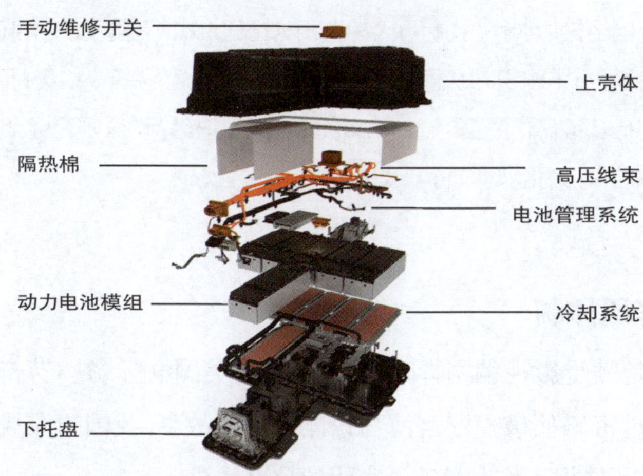

电池结构示意图

多年的砥砺耕耘终获硕果，该项目荣获了2017年度国家科技进步奖二等奖。项目形成的创新成果已经在上汽5款量产车型上获得应用，累计完成插电混动整车销售15万余辆，带来了显著的节能减排效果。

上汽在插电混动技术上的创新之步没有停歇。罗思东自豪地说，上汽已经完成了成本更低、性能更高的第二代EDU技术，并在旗下新能源车型上进行了全面推广。

（本文作者许政为上海捷能汽车技术有限公司创新运营经理。）

信息时代的电子“盾牌”——密码芯片

姚晨辉

身处网络信息时代，我们每天都要用到密码：解锁智能手机、用电子邮箱收发邮件、用银行卡购物、进行手机支付等都需要输入密码。不过，我们日常使用的这些密码应该被称作“口令”。严格意义上，密码是按特定法则编成，用以对通信双方的信息进行明密变换的符号。

密码与密码体制

密码是颇受影视编剧青睐的一个题材，美国电影《达·芬奇密码》讲述的就是通过密码侦破卢浮宫博物馆谋杀案的故事，我国的谍战电视剧《暗算》也讲述了情报工作人员破译密码的故事。

早期密码学通过替换、换位方式，将通俗易懂的明文转换成为一般人无法理解的密文，并设计特殊规则将密文还原为明文。

伴随着信息通信及计算机技术的飞跃式进步，密码学在实现效率和实现方式上均获得了前所未有的系统发展。目前，密码学广泛应用于网络信息加解密、身

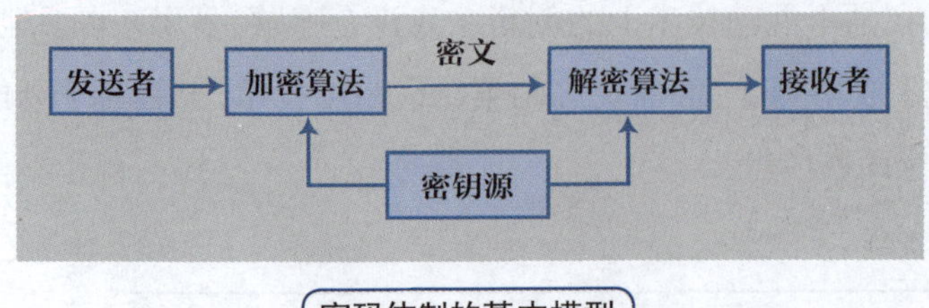

密码体制的基本模型

份认证、数字签名，以及关于完整性、安全电子交易等的安全通信标准和网络协议安全性标准中。

通过密码发送加密消息的过程是：消息发送者从密钥源得到密钥，通过加密算法对消息进行加密得到密文；接收者收到密文后，利用从密钥源得到的密钥，通过解密算法对密文进行解密，得到原始消息。

密码体制是完成加密和解密的算法，分为对称密码体制和非对称密码体制。在对称密码体制中，解密算法是加密算法的逆算法。也就是说，加解密过程使用的密钥具有唯一性。该体制需要提前共享密钥，存在容易泄密的缺陷。

非对称密码体制也被称为公钥加密系统，需要两个密钥配对使用。公钥用于加密明文，私钥用于解密密文。若发信方（加密者）想发送只允许收信方（解密者）解读的信息，发信方必须首先知道收信方公钥，并利用此公钥加密；该份密文用且仅能用收信方的私钥解密。由公钥推出私钥在计算上是极为困难的，这极大提高了数据加密安全性。

数字签名便应用了公钥加密系统，它保证了数字签名的不可伪造性和不可抵赖性。数字签名的用途很多，最常见的用处就是用来进行身份认证。

银行卡的安全电子交易标准也运用到了公钥加密系统。此外，如果没有公钥加密系统提供的灵活、强大的安全保障，依托于互联网的电子商务交易就很难实现。未来，公钥加密系统将成为各类信息系统中不可分割的重要组成部分。

密码芯片

人类已经进入了智能化的信息时代，智能家居、智能家电、车联网、物联网等技术为我们构建了各种前所未有的应用场景，信息技术对我们生活、工作的影响日益广泛，信息安全成为愈加重要的技术和社会问题。同时，网络空间安全正在发生深度变革，以云计算、大数据、区块链、人工智能、量子计算等为代表的新兴技术不断拓展或改变安全的概念、架构、内涵和边界，也不断冲击着传统的安全方法和技术范式。伴随着这些新兴技术的迅速发展，密码将更多地发挥核心和主导作用，密码技术的基础理论研究和攻防实践将掀起新的热潮。

密码芯片是存储或固化了密码的程序、密钥，或具有执行某种密码算法功能的密码插件。密码芯片在数字安全领域中得到了广泛运用，第二代居民身份证芯片系统就是一个成功的案例。同时，密码芯片在银行卡、三网融合、智能电网、物联网等领域也都发挥着重要作用。

那么，密码芯片究竟有什么作用呢？我们用一个例子来进行说明。假设在一个珠宝展上，有一些名贵的珠宝放置在陈列柜中进行展览，这些珠宝需要定期改变摆设位置。谨慎的展览方担心员工在整理陈列柜时将珠宝偷梁换柱，就特制了一双很结实的手套，手套被固定在陈列柜的内壁上。员工可以将手伸进手套来整理陈列柜中的珠宝，但无法用手触碰到它们，更不要说"鱼目混珠"了。

类推到信息服务交易中，客户就是展览方，信息服务提供商就是整理陈列柜的工作人员，那么手套就是密码芯片。信息服务提供商（工作人员）可以对数据（珠宝）进行处理，但是必须通过密码芯片（手套）来进行，这保证了数据（珠宝）的安全。

密码芯片系统的攻防关键技术

芯片被称为国家的"工业粮食"。中国信息产业已获得飞速发展，却一直深受"粮荒"之痛。2018年，我国进口芯片超过4 000亿件，进口金额突破3 000亿美元。从进口额来看，芯片已经远超石油成为中国最大宗进口产品。

以智能电网为例，信息技术是智能电网的核心，芯片是信息技术的核心。如果将电网比喻为人的话，密码芯片就好比我们的盾牌、安全帽等外在防御设备。我国智能电网相关智能设备中的核心芯片大部分依赖进口，对我国智能电网信息安全构成巨大隐患，芯片国产化对于智能电网建设的重要性不言而喻。

谷大武团队研制的密码芯片

密码芯片在网络与信息安全系统中往往作为安全控制的核心和信任根源，因此密码芯片自身的安全性对整个系统而言起着关键作用。近年来，涉及信息安全的密码芯片面临着越来越严重的安全性挑战，已经出现了各种不同层次、不同水平的攻击手段。

上海交通大学谷大武教授带领团队联合了安全芯片产学研的代表性单位，系统性地开展攻防理论研究、技术攻关、产品研发和工具研制等工作，最终突破了密码芯片攻防一系列关键技术，实现了科研成果的落地。团队设计了一系列芯片防护新方法，研制出7类抗数学攻击和抗物理攻击的密码芯片，实现了国产芯片在民生、工业领域的大规模应用并辐射海外。谷大武领衔完成的“密码芯片系统的攻防关键技术研究及应用”项目荣获2017年国家科技进步奖二等奖。

在分析技术方面，项目团队在国际上首次发现了3G/4G 全球用户识别（USIM）卡的重大安全问题。在工具方面，团队研制了国内领先的旁路分析平台，支持对国密算法的安全分析。在防护技术方面，针对软硬件密码实现方式，团队提出了综合防护方案。团队研制的密码芯片率先通过了国际信息技术安全性评估标准CC 标准的评估保证级4（EAL4+）安全认证。

项目成果应用于国家商用密码检测中心、公安部计算机安全产品检测中心等国家检测机构和安全芯片设计企业，实现了对国内外主流密码芯片及智能卡产品的安全性测试和评估。

项目团队研制的金融卡芯片防护水平跻身国际一流，智能电表和智能电网安全芯片实现了电力行业自主密码芯片从无到有的突破。这些芯片已用于北京、上海、广东等20多个省（直辖市）的惠民工程和工业项目，打破了国外厂商垄断，为智慧城市的实现提供了安全保障。

（本文作者姚晨辉为《科学画报》记者、编辑。）

垂直总装测试厂房，托起航天梦想

孙 云

在我国甘肃酒泉卫星发射中心和海南文昌卫星发射中心的各类建筑群中，垂直总装测试厂房无疑是托起航天梦想的“支柱”。运载火箭的吊装，箭上单元仪器的测试和安装，以及火箭分系统测试、匹配检查、全箭检查，飞船、火箭、逃逸塔对接等，都在这里完成。

作为载人航天发射场的核心建筑和垂直发射模式的标志，垂直总装测试厂房在建设时面临过哪些难题？新建的厂房又取得了怎样的成就？

中国第一座“太空港”

2021年6月，搭载神舟十二号载人飞船的长征二号F遥十二运载火箭在酒泉卫星发射中心点火发射取得圆满成功。神舟十二号的成功发射，点燃了无数中国人的激动与喜悦，也点燃了中国建筑第八工程局有限公司（以下简称中建八局）建设者的回忆与自豪。

酒泉卫星发射中心是我国最早建设的综合型火箭、卫星发射基地，承载着众多建设者的心血和汗水，见证了我国卫星发射任务的众多第一次。中建八局承建的酒泉卫星发射中心垂直总装测试厂房，也被称为“太空港”。飞船和火箭就在这里进行垂直总装、垂直测试后，再垂直运输到发射塔架。

20世纪90年代，中建八局建设团队用2年8个月的时间就完成了4年的工作量，在戈壁滩上建起一座近百米高、中间没有任何板楼拉通的巨型建筑物，这在中国乃至亚洲建筑史上还未曾有过。

中建八局的建设团队创造性地采用了“钢筋混凝土巨型框架——多筒体空间结构体系”的方案解决了这个难题，建成了集现代建筑与高科技为一身的中国第一座“太空港”。

与美国、俄罗斯等发达国家采用的全钢结构相比，这一方案的实施不仅节省了大量的经费，而且耐火性能、保温和隔音效果等都大大优于传统的钢结构。这在世界航天发射场建筑中尚属首创，被国外专家称为“中国奇迹”。

由于工程地点位于沙漠戈壁，当时离最近的城市也有280千米。所需要的一切材料，几乎都要从280千米以外的地方运来。环境恶劣，条件艰苦，但所有人都兢兢业业、毫无怨言。

“亚洲第一门”

1996年，中建八局的建设团队要进行厂房内的钢门架、钢平台及50吨非标桁车的制作安装，而且要在一年内完成。火箭垂直总装测试厂房高93米，内高85米，是单层工业厂房，其钢门架高80米（质量达240吨），垂直度允许偏差仅为千分之一。

为了高质量地完成建设，针对发射场区风沙大、风力强，以及因大门自身不承重可能对墙体结构产生侧向拉力的问题，建设团队群策群力、刻苦攻关，巧妙解决了巨型部件运输、安装以及大风沙环境密闭、抗风等一系列技术难题，并创造了用简单施工机具安装超高大型门类设备的先例。

为保证大门升降定位准确，负责安装的技术团队精心编制施工方案，挑选经验丰富的铆工和焊工现场制作。戈壁的盛夏，烈日炎炎。制作钢门架的混凝土平台上，温度高达70℃。中建八局的建设团队顶着烈日的暴晒和电弧的烘烤，连续工作4个月，圆满完成了有“亚洲第一门”之称的厂房大门。

另一个难题就是高大空间的空调洁净技术，这是垂直总装测试厂房满足火箭和飞船测试要求的关键技术。为在3 500立方米高大空间里满足箭船发射前对检测环境洁净度近乎苛刻的要求，建设团队设计并采用了一套功能全、投资少、运行成本低的新技术方案，通过“洁净分层空调净化技术”，填补了国际上洁净空调领域的空白，节省了工程投资，减少了电容量。

酒泉卫星发射中心矗立着的垂直总装测试厂房，经历了大漠戈壁多年风沙的侵蚀，依然亮丽如新。

“胖五”的腾飞之地

除酒泉卫星发射中心垂直总装测试厂房外，中建八局还承建了文昌卫星发射中心垂直总装测试厂房，参建了太原卫星发射中心、天津新一代运载火箭产业化基地，用实际行动一次又一次托起航天梦想。

海南文昌卫星发射中心是由中建八局承建的我国目前最大直径火箭垂直总装测试厂房，是我国第4个现代化卫星发射场，也是我国首个滨海发射基地，同时是世界上为数不多的低纬度发射场之一。

海南文昌卫星发射中心还有一个更接地气的昵称——“胖五之家”，因为长征五号运载火箭（别称“胖五”）就是在这里装配、发射的。

长征五号的块头大，为它量身定制的“家”也得足够大。垂直总装测试厂房建筑高度约为100米，地下1层，地上14层；用于火箭进出的大门高达81米，从上到下共分4层，左右对开，采用液压控制。

这个“新面孔”目前揽括了诸多之“最”：它拥有亚洲最大的钢铁之门、最高的桁架，还是我国最高的单层厂房。未来几年内，我国空间站各大吨位舱段及天舟货运飞船都将在此进行垂直组装。

多项“之最”的背后，是建设团队无尽的智慧与汗水。超高支模施工技术，超高大门钢桁架框安装技术，超高大跨度钢屋盖安装技术，大体量钢结构预埋件精度控制技术……强电、弱电、消防、电梯、空调、电气工程、自控等专业施工均为航天级别。

承载着中国航天的印记

文昌卫星发射中心是“胖五”的腾飞之地，而“胖五”的诞生地是位于天津的大推力运载火箭力学综合测试厂房。这也是由中建八局承建的。

天津新一代运载火箭产业化基地位于天津经济技术开发区，占地面积为3 000亩（1亩=666.7平方米），是集火箭零部件生产、部组件装配、总装测试与试验于一体的，代表中国航天水平和国际先进水平的新航天城。长征七号、五号运载火箭所有的组装箭体、结构制造及火箭总装、总成等都在这里完成。

每当发射前，航天人员“护送”着火箭从厂房转运至发射工位，都会成为发射场内一道靓丽的风景线。垂直总装测试厂房都与其所在的发射基地密不可分，承载着中国航天发展的历程。

中建八局建设者通过持续的系统研究形成“新一代运载火箭力学试验与发射测试厂房建造关键技术”荣获国家科技进步奖二等奖，填补了我国该领域的空白。未来，让我们一同见证更多的箭船在此集结、出征太空，为中国载人航天事业续写新的篇章！

（本文作者孙云为《科学画报》记者、编辑。）

新材料造就新一代空间相机

孙 云

当今世界，各国竞相研究高分辨率的空间遥感卫星。比如，美国研制的一些高分辨率卫星，能“看”到地面上一张报纸的大字标题。而要提高卫星的分辨率，关键是要研制出大口径、长焦距、轻型的空间相机。

碳化硅基复合材料应运而生

要让天上的卫星拍到理想的照片，就要打造“看得清楚，质量又轻”的空间相机。这就意味着空间相机的光学支撑结构尺寸大、质量小，还要具备高稳定性（也就是在承受振动和温度波动时，光学支撑结构的尺寸变化要稳定在几个微米以内，即头发直径的十分之一左右）。

受材料热胀冷缩和吸湿膨胀等因素影响，常规材料加工而成的光学支撑结构在空间环境应用时尺寸变化较大，严重时还会造成空间相机难以成像。因此，传统金属及树脂基复合材料已难以满足性能要求。

中国科学院上海硅酸盐研究所（以下简称上海硅酸盐研究所）领衔的“大型高稳定轻量化C/SiC整体结构成套制备技术及空间遥感应用”项目，本质就是用新材料造就轻型空间相机。

碳化硅基复合材料（即C/SiC，是一种以碳化硅为主要组分的复合陶瓷材料），具有机械加工速度快、成本低、结构设计灵活等优点。对于那些必须在恶劣环境（如空间环境）中工作的高精度系统而言，碳化硅基复合材料支撑结构已成为近年来国际研究热点和技术发展趋势。

上海硅酸盐研究所经过多年攻关，在国内率先开展了碳化硅基复合材料光学支撑结构的研发，并在关键技术和工程化应用方面取得多项重大创新和突破，取得了多项技术发明成果。

项目团队成功解决了光学支撑结构高刚度、轻量化与低热膨胀的综合协调平衡，以及高功率光电器件过度发热影响系统温度均衡性等技术难题，为我国碳化硅基复合材料支撑结构的成功研制与应用奠定了坚实的基础。

应用于高分二号卫星

目前，该项目已成功为高分二号、高景一号等型号卫星的空间相机研制了26套大型、高稳定、轻量化碳化硅基复合材料支撑结构，产品最大外形包络（包络是指许多椭圆形曲线交织）尺寸达到2.23米，并已全部交付用户使用。

其中，碳化硅复合材料镜筒已在高分二号卫星中获得成功应用，助力相机实现0.8米全色/3.2米多光谱的高分辨率，实现了我国在陶瓷基复合材料空间相机支撑结构研制和应用上的首次重大突破。

与传统殷钢材料镜筒相比，碳化硅复合材料镜筒减重约50%，相机稳定性提高1倍以上，成像响应时间缩短50%，助力我国空间遥感技术实现跨越式发展；相机分辨率首次从米级跨入亚米级，有力地推动了我国空间相机支撑结构的升级换代。

碳化硅基复合材料镜筒克服了传统殷钢镜筒工艺性差，难以实现大尺寸装配体制备，以及相机结构复杂、稳定性差等不足；填补了国内陶瓷基复合材料及其轻量化结构在空间遥感系统中的应用空白，在国内外开辟了大口径望远镜高稳定高精度支撑结构的新途径，可推广应用于高分辨率空间遥感、天文光学、深空探测等空间相机，具有广阔的应用前景，经济效益和社会效益显著，对推动陶瓷基复合材料学科发展、促进空间遥感技术进步具有重要意义。

应用于商业遥感相机

继高分二号后，项目相关核心技术已被成功推广应用于其他型号卫星空间相机支撑结构的研制。自2015年以来，项目团队开展了商用遥感相机碳化硅基复合材料前镜筒构件研制工作。

目前，项目团队已完成了8件碳化硅基复合材料镜筒构件研制。镜筒产品基频试验结果满足了商业遥感相机研制要求。正弦和随机试验前后，各方向频率变化较小，试验后产品外观均无损伤，产品结构刚度满足相机装配要求。产品经振动消应力试验后，产品结构尺寸稳定性达到相机装配要求。经真空热循环试验后，满足尺寸稳定性试验要求。产品总体性能技术指标达到国际先进水平。

团队建立了研发平台

项目团队还建立了集构件设计、制备、加工、检测等于一体的陶瓷基复合材料支撑结构研发平台。平台占地面积为3 000余平方米，可满足大型构件研制。利用该技术平台，项目已先后成功地为多型号卫星/空间相机研制生产了镜筒、支撑框、反射镜背板、焦面基座等大型、高稳定、轻量化碳化硅基复合材料支撑结构；产品性能稳定，合格率目前为止达到100%。

科技成果意义深远

近年来，随着《国家中长期科学与技术发展规划纲要（2006—2020年）》中高分辨率对地观测系统重大专项（即高分专项）的启动和持续推进，我国高分辨空间遥感事业进入了高速发展期。

大量遥感卫星的研制，为碳化硅基复合材料支撑结构的应用推广提供了良好的机遇。并且，作为一项通用技术，该技术可拓展应用于天文光学、深空探测和高能激光等空间相机，应用前景非常广阔。

该项目针对我国高分辨空间遥感技术对高空相机整体结构的苛刻要

求，开展了大型高稳定轻量化C/SiC整体结构的研究，发明了碳化硅基复合材料的结构调控和微区原位反应、孔道熔渗反应、表面颗粒原位固结包封及整体构件一体化制备等关键技术，实现了重大技术突破，显著提高了碳化硅基复合材料相机支撑结构的弹性模量、抗弯强度、热导率等性能，降低了膨胀系数，满足了空间相机整体结构的大型化、一体化、高稳定化、轻量化制备，解决了国家高分辨对地观察系统重大专项对关键基础材料的重大需求。

该项目开启了我国陶瓷基复合材料整体结构在空间遥感系统中大规模应用的新纪元，产生了显著的经济效益，对陶瓷基复合材料学科发展、空间遥感技术进步具有重要推动作用，对空间国防战略、空间卫星商业化应用具有重要意义。本项目已获建筑材料行业技术发明奖一等奖，获得2017年度国家技术发明奖二等奖。

主要技术发明成果

上海硅酸盐研究所经过多年攻关，在关键技术和工程化应用方面取得多项重大创新和突破，取得了多项技术发明成果。

（1）高模量、低热膨胀碳化硅基复合材料的结构控制与微区原位反应制备技术；

（2）大型、高稳定、复杂形状碳化硅基复合材料支撑结构的轻量化设计与一体化构件制备技术；

（3）碳化硅基复合材料树脂包封表面弱结合颗粒原位固结技术；

（4）高导热、高稳定碳化硅基复合材料的孔道构建反应熔渗制备技术。

（本文作者孙云为《科学画报》记者、编辑。）

把"冰棍"做成"雪糕"——脉冲磁致振荡凝固均质化技术

仲红刚 翟启杰

上海大学先进凝固技术中心（简称CAST）针对钢内部成分和组织不均匀这一国际冶金界难题，十七年磨一剑，把脉冲磁场引入到冶金生产中，开发出高均质化钢铁生产技术——脉冲磁致振荡凝固均质化技术。这一发明为提升冶金产品质量和性能稳定性做出了原创性贡献，荣获国家技术发明奖二等奖。

钢铁的凝固

钢铁是应用最广泛的结构材料，是基础建设、石化、能源、国防等领域必不可少的关键材料，大如高楼、高速公路、桥梁、高铁、飞机、航母、燃气轮机，小至齿轮、扳手、螺丝钉、笔尖，处处离不开钢铁。没有钢铁就没有现代工业、现代军事和现代科技。因此，钢的生产和消耗量一直是衡量一个国家综合国力的重要标志。近年来，我国钢产量一直位居世界首位，2019年中国粗钢产量约9.96亿吨，占全球粗钢产量的53.3%。如果将这些钢材轧成直径60厘米的钢筋，可以绕赤道一圈，也就是可以为地球戴上一枚"钢铁戒指"。

仅以产量而言，我国早已成为当之无愧的钢铁大国。但在高端钢材领域，我们仍然缺乏竞争力。如何在冶金理论和核心技术上有所突破，把我国由名副其实的钢铁大国变为当之无愧的钢铁强国，是我国冶金工作者孜孜以求的"强国梦"。

凝固是指液态到固态的转变过程，它广泛存在于自然界和工程技术领域。从雪花凝结到火山熔岩固化，从马踏飞燕、后母戊鼎等历史珍品的制造到广泛使用的铸件生产，均离不开凝固过程。可以说，几乎一切金属制品在其生产流程中都要经历一次或多次凝固过程。钢的生产也躲不开凝固这一关，通常钢的凝固是通过模铸或连续铸造（简称连铸）实现的。

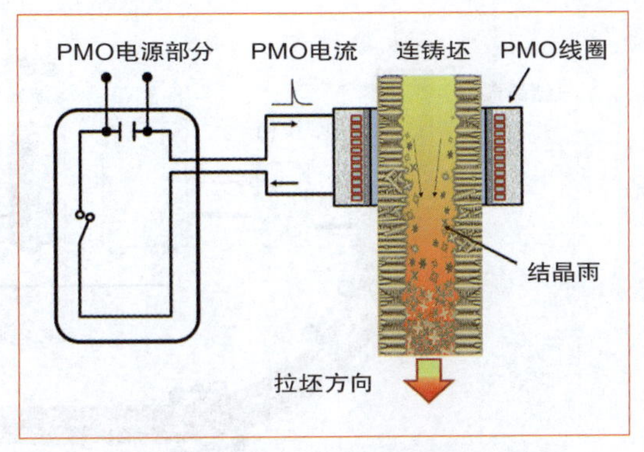

连铸PMO凝固均质化技术原理示意图

连铸技术是把钢水连续不断地浇注并凝固，制成坯料。与模铸技术相比，连铸技术大幅提高了生产效率和金属收得率并节约了能源。这个技术是20世纪50年代在德国首先被研制成功的，目前全球98%以上的钢都用连铸技术生产。

钢铁性能——不患寡而患不均

不过，连铸过程中强烈的冷却作用会导致铸坯柱状晶组织发达、严重的宏观偏析和孔洞裂纹等缺陷。通俗来讲，连铸坯的凝固过程就像冰棍的结晶过程。冰棍结晶时，冰晶粒从外面一直长到心部，形成贯穿冰棍的大冰碴，把杂质、糖分等都推到了最后结晶的中心部位，所以中心杂质特别多，还可能有孔洞。而雪糕由很多细小的冰晶粒组成，这样添加的物质就会比较均匀地分布在各个部位。

连铸坯凝固时像冰棍一样，铸坯从外向内凝固，形成粗大的穿晶组织，把有害的杂质元素和有用的合金元素也推到了铸坯的心部，造成铸坯成分和性能不均匀。如果把这样的钢坯轧制成板材或棒材，其不同部位的性能就不均匀。如果进一步把这些棒材或板材切成小块，制造成零件，这些零

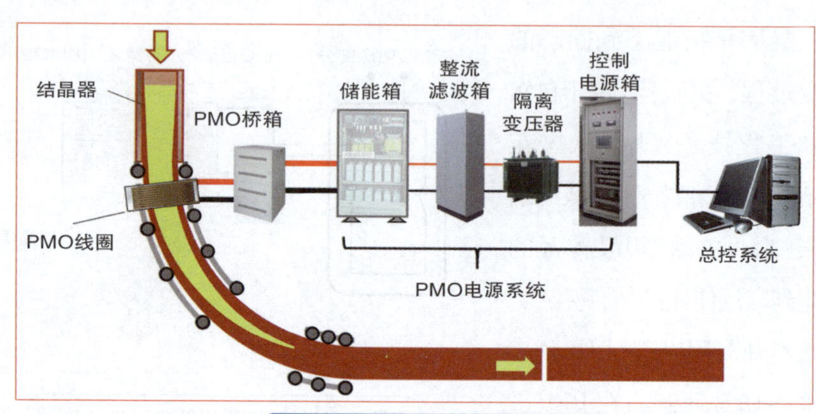

PMO凝固均质化技术装备示意图

件的性能就会不稳定。

从全球范围看，随着资源、能源和环境理念的提升，高洁净化、高均质化、超细晶化和低消耗、低污染成为新一代钢铁生产技术的发展方向。伴随着钢铁冶金技术装备水平的提高，冶炼洁净化及轧制和热处理细晶化都有了长足进步，凝固均质化成为全球冶金产品质量提升的瓶颈。

但是，目前人们还没有找到一种适合钢铁冶金工业的令人满意的凝固均质化技术。冶金工作者可以通过精炼把钢中的氧等有害元素的浓度控制在百万分之十以下，可以通过轧制和热处理把钢的最终组织尺度控制在几个微米以内，但是铸坯中碳和其他合金元素的偏析却很难降到10%以下。

在钢铁工业中，组织粗大、宏观偏析问题不仅影响了钢材质量的稳定性，也限制了应用连铸技术生产一些高品质特殊钢。由于特定的性能要求，特殊钢一般含有较多的合金元素（如高碳、高铬、高镍，含钼、钨、钛、铌等），其凝固过程极易产生严重的偏析甚至裂纹等问题。特殊钢的连铸生产往往不得不

PMO工业装备及连铸现场

严格控制过热度和拉速等工艺条件，并增设多种辅助手段，但仍无法完全避免这些缺陷。究竟通过什么方法才能解决它，成为钢铁冶金行业工作者必须面对的课题。

把连铸坯由“冰棍”做成“雪糕”

上海大学先进凝固技术中心长期致力于钢的凝固问题研究，在揭示了脉冲电流细化金属凝固组织机制的基础上，发明了脉冲磁致振荡（简称PMO）凝固均质化技术，为解决均质化这一长期困扰国际冶金界的技术难题做出了原创性贡献。国际同行认为，PMO技术是可用于有色和黑色金属凝固过程的强有力物理细化方法，在精细控制凝固组织方面具有极大潜力，具有能耗低的独特优势。

通俗地讲，PMO就是把连铸坯由“冰棍”做成“雪糕”。该技术是将脉冲电流导入环绕在铸坯表面的线圈中，通过电磁感应在铸坯固液界面附近形成特定的物理效应，促进固液界面前沿形成晶核，这些晶核在钢液中漂移、长大、增殖，不断形成大量细小的晶粒，并均匀分布在整个铸坯中，从而达到细化凝固组织的目的，最终达到均匀化的效果。该技术不仅适用于钢的方坯连铸，也适用于其他连铸以及模铸等凝固相关的生产工艺。对于铝、镁等有色金属及合金，也十分有效。

目前PMO技术已应用于冶金企业商业生产，成为提升产品质量和生产效率的关键技术。经PMO处理的铸坯，碳元素的偏析程度可以控制到6%以内，极大提高了产品均匀性。轴承钢疲劳寿命测试显示，PMO处理显著提高了轴承寿命的一致性。将来，PMO及其衍生技术将助推我国钢铁质量跻身国际前列，提升我国钢铁制品的国际竞争力。

（本文作者仲红刚博士为上海大学先进凝固技术中心副研究员，翟启杰教授为上海大学先进凝固技术中心主任、国务院特殊津贴专家、教育部跨世纪优秀人才、上海市优秀学科带头人、上海市领军人才。）

穿越高速铁路的地下工程

姚晨辉

> 列车不限速的下穿高速铁路施工技术，在保障高铁正常运营的前提下，解决了我国城镇化进程中基建需求与高铁运行安全之间的矛盾。

当高铁遇到地铁

2008年北京奥运会前夕，我国首条设计速度为350千米/时的高速铁路——京津城际铁路开通，这意味着中国高铁时代的正式来临。到2019年年底，我国高铁运营里程已经超过3.5万千米，运营和在建规模均为世界第一。高铁已经成为我国的一张独特而靓丽的"名片"。

随着城镇化发展，地下工程建设及立体综合交通体系建设需求不断提升，道路、地铁和市政工程等每年以超过20万千米的速度增长。作为路权专有、高密度、高运量的城市轨道交通系统，地铁受到大都市的青睐。与城市中的其他交通工具相比，地铁具有节省地面空间、减少噪声、节约能源、减少污染、运量大、准时、速度快等优点。截至2019年年底，我国已有30多个城市开通了地铁，地铁线路长度超过了5 000千米。

地铁线路多位于地下，其施工有时需要从地下穿越高速铁路。与下穿其他建筑施工相比，下穿高铁施工需要严格控制地面变形，仅允许轨面变形2毫米。而对路面要求极为严格的机场跑道，道面允许变形范围为10毫米。高速列车动荷载也对地铁施工安全有着复杂影响，容易造成列车脱

下穿高铁施工难度极大

轨、路面坍塌等事故，致使铁路运输和工程建设中断。因此下穿高铁施工是国际工程界的一大难题，尤其在沿海发达地区，软土分布广、高铁线网多、行车密度大，下穿高铁施工一度成为技术禁区。

传统施工方法中，下穿铁路施工技术仅允许列车以45千米/时的速度通行，或者需要采用绕行措施完成施工，这些措施都将造成大量列车晚点或取消，扰乱正常的铁路运输秩序。如何在不限速的前提下，完成对下穿铁路工程的精准控制，已经成为工程界亟须攻克的难题。

打破下穿高铁施工的限速“魔咒”

为了解决复杂工程地质条件和严格环境制约条件下进行地下工程建设面临的诸多技术难题，同济大学道路与交通工程教育部重点实验室周顺华教授，带领团队几十年如一日进行攻关，攻克了地下工程穿越高速铁路设计方法、施工变形控制技术体系和智能化施工装置制造等关键瓶颈技术，形成了地下工程穿越高速铁路的精细化控制技术体系，推动了我国地下工程领域技术水平的大幅度提升。

不限速下穿高铁设计方法

针对国内外传统下穿铁路技术需要对列车限速或绕行，以及没有统一的下穿铁路设计模式的现状，研究团队以控制开挖应力释放为目标，发明了棚架法、刚柔复合结构隔离、地基分区加固等不限速下穿铁路设计技术，建立了三级行车速度、八类条件的统一设计模式，突破了传统下穿铁路设计对列车限速的限制；首创了不限速下穿高铁设计方法，首次完成了不限速下穿300千米/时运营高铁的工程施工。

同时，研究团队还揭示了土体开挖应力释放和变形自锁机理，率先构建了“车–轨–路–下穿工程”四要素耦合动力学模型，创立了下穿铁路工程的系统动力学设计理论，解决了下穿施工与行车安全动态评价难题。

施工变形控制技术

研究团队基于动态平衡开挖应力释放理念，发明了轨区高精度自动监测（精测）、实时预警（精管）、下穿施工参数精细化自动补偿（精控）三大施工控制技术，使轨区自动监测精度达到0.5毫米，下穿高铁施工产生的变形小于2毫米，达到了隧道施工变形控制的国际最高水平。

智能化施工装置

研究团队发明了下穿施工开挖应力自动平衡的智能型施工装置，包括盾构机土仓渣土智能感知调控装置、长管棚智能化导向定位纠偏装置、水平循环置换成桩加固装置，填补了国内外空白。其中长管棚智能化导向定位纠偏装置可实现360度12个方向实时纠偏，长度超过100米的长管棚施工偏差小于管棚长度的0.1%，更利于形成棚架作用和减少开挖变形。这些施工装置率先突破了传统机械施工对铁路线路严重干扰的重大设备瓶颈，推动了隧道施工技术向智能化控制迈进。

实践检验

研究团队的成果成功应用于软土地层首次一次性穿越26股道、下穿300千米/时高铁、高铁咽喉道岔区及高铁群等工程实践，创造了一次性穿越距离最长、速度最高、高铁线路最密集和下穿高铁咽喉道岔区4项国际工程纪录，并在下穿京沪、京广、沪昆、杭深等高铁的数百项工程中得到推广应用。

2012年3月，在杭州地铁1号线余杭高铁站，18号盾构机的刀盘逆时针缓慢转动，从下方安全穿越了沪杭高铁，这是国内地铁首次穿越营运高铁。

2017年7月，济南轨道交通R1线盾构机成功下穿京沪高铁，完成了国内首个多重复杂工况下对运营高铁线路的下穿施工。作为国内首次地铁盾构隧道在大埋深、高富水、小半径等多重复杂工况下的下穿施工，它凭借0.3毫米范围内的沉降控制，实现了“零沉降”。

2017年11月，宁波轨道交通3号线盾构机掘进顺利下穿杭深铁路宁波东站西咽喉道岔区。每天通过杭深铁路宁波东站西咽喉的列车超过了200对，高铁动车组列车就达到124对，运行高峰期不到5分钟就有一趟动车组从盾构隧道上方通过。施工涉及道岔迁改、临时行车线路改移及电力、接触网、信号、通信、列控数据修改等内容，该项施工填补了国内同类施工空白，为地铁下穿高铁道岔线路施工积累了宝贵经验。

地下工程穿越高速铁路的精细化控制技术体系，为不限速下穿高铁工程提供了关键技术支撑，有力解决了轨道交通、道路、市政设施等建设与铁路运输运能保障之间的矛盾，在保障铁路运营安全、运输正点率方面发挥了重大作用。

（本文作者姚晨辉为《科学画报》记者、编辑。）

风从海上来，电在风中生

姚晨辉

> 风能正逐渐由替代能源转变为主体能源，发展海上风电将成为我国能源结构转型的重要战略支撑，是我国能源战略与海上强国战略的重要内容。

如果你到内蒙古的辉腾锡勒草原旅游的话，会有机会看到一排排高达七八十米的白色塔筒矗立在草原上，每个塔筒上面还有3个硕大的类似飞机机翼的叶片。这些就是辉腾锡勒风电场的风力发电机，它们像是一架架风车，在草原劲风的吹动下缓缓旋转。蔚蓝的天空、青翠的草原和白色的叶片，构成了一幅让游客流连忘返的壮美景观，辉腾锡勒风电场也被誉为"中国最美的风力发电场"。

陆上风电与海上风电

风力发电是将风蕴含的动能转变成机械能，再把机械能转化为电能，简称风电。作为一种清洁的可再生能源，风能分布广泛，就地可取，取之不尽，用之不竭。随着世界各国对能源安全、生态环境等问题的日益重视，加快发展风电已成为我国乃至全世界推动能源转型发展、应对全球气候变化的普遍共识和一致行动。

风电主要分为陆上风电和海上风电两种形式。我国"三北"（华北、东北、西北）、云贵高原、东南沿海等地区陆上风能较为丰富，其中青海、甘肃、新疆和内蒙古是我国陆上风能储备最丰富的地区，陆续建设了多个陆上风电场。

我国不仅陆地面积广阔，还拥有470万平方千米的领海面积。因此，我国也拥有丰富的海上风能资源。

与陆上风电相比，海上风电具有几个明显的优势：海面不像陆地那样高低起伏，风几乎不受阻挡，平均风速高，风速稳定，风机发电效率更高；海上风电场减少了对稀缺陆地资源的占有，适合建立大型的风电场；海上风电场靠近东南沿海电力负荷中心，有利于电网的消纳和减少长距离输电带来的投资成本和电力损耗。

基于以上优势，近年来我国的风电发展逐渐向海上转移。根据2018年的海上风电总装机数据，我国已仅次于英国和德国，成为世界第三大海上风电国家。风能作为新能源的主体部分，正逐渐由替代能源转变为主体能源，发展海上风电将成为我国能源结构转型的重要战略支撑，是我国能源战略与海上强国战略的重要内容。

我国首座海上风电场

为了抢占风电领域的技术制高点，上海电力学院符杨、上海东海风力发电有限公司张开华领衔的海上风电联合团队历经10年风雨，艰难攻关，完成了“我国首座大型海上风电场关键技术及示范应用”项目，建成了我国首座也是亚洲首座海上风电场——上海东海大桥100兆瓦海上风电示范工程，全面实现了海上风电技术的国产化，该项目也荣获2018年度国家科学技术进步奖二等奖。

在项目开始之时，联合团队面临着重重困难。海上风电技术当时被欧洲少数几个国家掌握，这些国外风电巨头对我国进行了技术封锁与价格垄断。如何在国内无例可循、国外技术封锁的条件下，从无到有建立我国的海上风电技术体系，成为联合团队需要解决的第一个难题。

此外，我国东海海域海洋风浪大、洋流急、海水腐蚀性强，而且沿海大范围分布的是淤泥质软土地基，这些严酷的环境条件也是进行海上风电场施工的严峻挑战。

联合团队不畏艰难，通过自主创新与协同攻关，攻克了一个个设计和施工难题，完成了4项主要创新，建成了适应我国海域环境与运行需求的国内首座大型海上风电场。

(1)率先研制出国内大容量海上风机。联合团队提出了含风、涌、浪、流4种作用下的海上风机载荷计算方法，研发了载荷分流等多重技术，攻克了高耸建筑最大限度捕风与安全运行的矛盾。联合团队自主研发了国内单机功率最大的3兆瓦离岸型风电机组，风机轮毂高91米，叶轮直径为91米，它们矗立在海上，源源不断地将海上的风能转变为电能。

(2)全球首创了多桩混凝土-钢组合式海上风机基础。为了克服我国近海地区淤泥质软土地基的不利施工条件，联合团队优化了基础高程与群桩结构设计，攻克了动态环境下混凝土疲劳承载性能低等技术难题，首创了多桩混凝土-钢组合式海上风机基础技术，解决了高耸风机承载、抗拔、水平移位等技术难题，使基础可承受的压拔承载力提高了20%，最大安全水平位移范围提高了9%。

(3)研发了大型海上风机整体安装技术。联合团队通过自主研发的初定位、软着陆与精定位的一体化安装技术，攻克了漂浮式平台上进行海上风机整体安装的难题。在此基础上，联合团队发布了首个海上风机整体安装国家级工法，提高了海上风机安装效率与海上作业安全性。

(4)提出了大型海上风电场电气系统优化方法与运行方案。联合团队综合考虑了地理信息和柔性区域边界，提出了海上风电场电气系统优化模型，发布了国内首套大型海上风电场集电系统优化软件，将年发电量提高了3%。

东海大桥100兆瓦海上风电场建成后，已安全高效运行了十多年，打破了国外长期的海上风电技术垄断，取得了我国海上风电开发从无到有的关键转变，塑造了我国海上风电自主品牌，实现了我国海上风电技术的跨越式发展，打造了我国海上风电自主产业链。作为我国海上风电领域的奠基者，该工程显著促进了我国海上风电行业的科技进步,带动了我国海上风电开发的爆发式增长,为我国能源转型与生态文明建设做出了积极贡献。

(本文作者姚晨辉为《科学画报》记者、编辑。)

特高压电网的“大动脉”——高性能铝合金架空导线

姚晨辉

我国大型水电站、大型火电厂和核电站的建设，促进了超高压输电、特高压输电、直流输电和联合电力系统的发展。随着特高压、远距离、大容量输电和清洁能源利用的发展，对电力输送的“血管”——架空导线提出了更高的要求，要求它们变身为更强健的电网“大动脉”，具有更高的导电率、强度、耐热性能和抗疲劳性能。

更换“血管”的洪板线

2014年，川渝电网500千伏洪板线输电线路增容改造工程圆满完成。洪板线起于四川自贡洪沟500千伏变电站，接往重庆市永川板桥500千伏变电站，是川电入渝的最主要通道。该线路建于20世纪90年代，随着运行时间变长，线路开始出现导线锈蚀老旧、传输能力下降等问题。此次改造主要是用新型耐热导线更换原有导线，改造完成后，该线路在原有基础上提高了30%的输送能力，四川电网向重庆的输电能力提升了近100万千瓦，有效消除了川渝电力交换的“瓶颈”。

改造后洪板线的输电能力之所以大幅提升，更换的架空导线起到了关键的作用。架空导线一直被称为电网的“血管”，是电网中用量最大、最关键的组成部分之一。对于高压电网来说，导线的发热情况有时候非常严重，因此电网的导线需要具备耐热性。但是，一般的耐热材料电阻都比较大，用其制造的导线的导电效率比较低。洪板线更换的导线可不简单，它是上海交通大学孙宝德教授团队研制的新型耐热导线，不仅耐热，而且导电效率更高。

更强健的电网“大动脉”

在现代社会，电能是每日不可或缺的能源形式。大到工业生产、高铁行驶，小到电脑办公、手机冲浪，你可能无法想象没有电的日子会是怎样。

除了能让个人感受到工作和生活的便利之外，电能的使用还具有非常重要的社会意义。目前，我国存在比较突出的能源消费结构性问题，煤炭消费量占比太高，碳排放总量居世界前列。根据相关数据，2019年我国煤炭消费量占能源消费总量的57.7%，碳减排任务非常艰巨。

为了实现在联合国大会上提出的“努力争取在2060年前实现碳中和”的目标，我国正大力推进电能替代，即让终端消费者更多地使用电能。这一措施将有助于提升社会能效，降低碳排放强度。研究显示，电能占终端能源消费比重每提高1%，全社会能效可提高4%。

根据国家能源局的最新数据，2020年，我国全社会用电量75 110亿千瓦时，同比增长3.1%。城乡居民生活用电量10 949亿千瓦时，同比增长6.9%。2020年，全国电源新增装机容量19 087万千瓦，其中水电、风电和太阳能发电合计13 310万千瓦。

从上述数据可以看出，我国对电力的需求体量巨大且增长明显，同时，国家对新能源发电也日益重视，其新增装机容量已经超过火电。

我国地域辽阔，资源分布不均衡，这也为电能利用提出了一个难题。我国可以用来发电的能源资源，80%都分布在西部和北部，但我国70%的电力负荷都集中在经济较发达的中部和东部地区。所以，我国必须进行远距离大规模的电能输送，实现“西电东输”“北电南输”。

在远距离输电过程中，导线电阻造成的损失非常大。导线的导电率即使仅提高千分之一，全国每年就可节电约7亿千瓦时，减少电煤消耗约23万吨，减少二氧化碳排放58万吨，节能减排效益极其显著。

导线的耐热温度也决定了导线送电流的能力，采用耐热导线可提高输

电力输送的"血管"——架空导线

电容量，有效缓解电力供需矛盾，同时可更好满足太阳能、风能等新能源峰值和谷值输电的大温差需求。但提升材料导电率与同时提高其强度和耐热性之间存在矛盾，导致我国电网建设急需的特种导线难以满足工程需求。

高性能架空导线"家族"

为了解决国家电网建设对高性能导线的迫切需求，孙宝德团队与江苏中天科技集团保持密切合作，成立了"上海交大–中天铝线联合研究中心"。研究中心根据国家电网的线路设计需求，参与导线选型和截面设计，上海交通大学负责基础理论研究和关键技术攻关，江苏中天科技集团负责中试及产业推广，真正做到"设计、工艺、制造"一体化。

研究团队历经20余年刻苦攻关，突破了制约高性能铝合金导线材料的关键技术，解决了导线在电网中"高强""高导""耐热""抗冰"等一系列长期未能攻克的难题，研制了高导耐热、高强抗疲劳、特高压节能导线等新型特种导线材料及制备技术，建立了全流程工艺控制体系，形成自主核心技术。三大类十九种新型导线通过了权威部门组织的新产品鉴定，满足了国家电网建设急需。

高导耐热导线

导线的耐热温度决定其输送电流的能力，采用耐热导线可提高输电容量，有效缓解电力供需矛盾，同时可更好满足太阳能、风能等新能源峰值和谷值输电的大温差需求。为了解决导线耐热性和导电效率无法兼得的矛盾，团队通过理论计算和科学实验，研究了新型铝锆钇耐热合金及其微结构调控方法和工艺，研制出新型铝合金耐热导线。这种导线电阻比较小，还可以承受大容量的电流，总体技术达到国际先进水平。新型耐热导线能够提高输电容量，降低改造成本，更好满足新能源输电需求，在100多条旧电网改造工程中获得了应用。川渝电网500千伏洪板线全面使用这种新型耐热导线后，输电能力有了飞跃式的提高。

高强抗疲劳导线

我国特高压工程需要跨越高山峻岭和大江大河架设电网，形成了中国特色的“大跨越工程”。团队针对强化相的精确调控和超细夹杂物的去除开展了大量研究，研制了不同强度级别的高强度铝合金材料，建立了全流程精细控制技术，消除了材料内部潜在的疲劳裂纹源。研制的高强度铝合金导线“飞架南北”，在国家电网特高压大跨越工程中获得大量应用。

±1100千伏新疆昌吉—安徽古泉特高压直流工程是目前世界上电压等级最高、输送容量最大、输送距离最远、技术水平最先进的特高压输电工程。2018年，团队研发的高强度铝合金导线成功应用于昌古特高压长江大跨越工程中。

高导电工铝导线

电工铝导线占我国导线用量的近70%，是特高压电网的基础导体材料。近年来，特高压输电技术对电工铝导体的性能提出了更高的要求。针对我国资源特点，团队研究了高导电工铝材料及其冶金质量控制技术，解决了微量杂质元素与气体去除的难题，突破了铸锭晶粒细化瓶颈，保证了导线组织与性能的稳定性和一致性。团队研制的高导电工铝导线已经应用在晋东南—南阳—荆门1 000千伏世界首条商业化运行的特高压线路上。

项目团队研制的新型特种导线已走出国门，出口到欧美及“一带一路”沿线国家，成为中国制造和中国电力走出去的“国家名片”。2019年1月8日，孙宝德教授团队的“高性能架空导线材料与制备技术”项目荣获2018年国家技术发明奖二等奖。

（本文作者姚晨辉为《科学画报》记者、编辑。）

探月“天眼”
——上海65米射电望远镜

姚晨辉

在上海松江区的天马山脚下，桃林掩映之中，矗立着一口高达70米的白色“大锅”，它就是亚洲最大口径的全方位可转动射电望远镜——上海65米射电望远镜。

探月工程的“引路”者

上海65米射电望远镜于2008年立项，2012年落成。2013年，上海65米射电望远镜正式获得了一个更有诗意的专属名称——天马望远镜。

“天马望远镜是亚洲最大的可转动射电望远镜，综合性能指标在同类型望远镜中位列世界前三。”谈起天马望远镜，上海天文台刘庆会研究员脸上洋溢着自豪。

2009年，刘庆会放弃了日本国立天文台的工作回国，全程参与天马望远镜的建设以及之后的运营管理，目前担任天马望远镜的总工程师。2013年，天马望远镜圆满完成了嫦娥三号的实时观测任务，刘庆会也获得了“探月工程嫦娥三号任务突出贡献者”的光荣称号。

嫦娥三号“奔月”后，还要踏足月球表面，“放”出玉兔号月球车在月球上漫步。月球车长、宽、高各只有1米多，怎样才能“看”到这个小小的“玉兔”在月球上的位置呢？这成为摆在观测人员面前的一个难题。

在这次任务中，天马望远镜不是单兵作战。它和我国其他4面射电望远镜一起，共同组成了中国甚长基线干涉（VLBI）射电望远镜网络。简单地说，就是把我国分布于上海、北京、昆明、乌鲁木齐的5个相同类型的望远镜进行联网，相当于形成了一面口径达3 000多千米的“巨无霸”望远镜，大大提高了观测精度和分辨率。

认识天马望远镜

望远镜主体的质量为 2 640 吨。主反射面直径 65 米，主反射面几何面积为 3 780 平方米，相当于 9 个篮球场的大小。

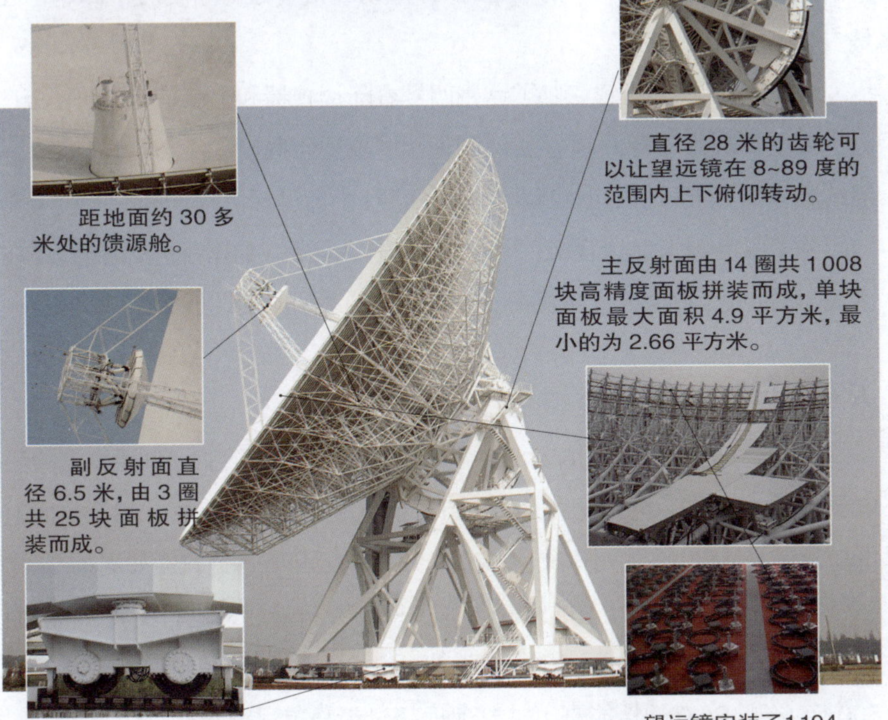

距地面约 30 多米处的馈源舱。

副反射面直径 6.5 米，由 3 圈共 25 块面板拼装而成。

6 组 12 个底部滚轮坐落在直径 42 米的方位钢轨上，可以让望远镜左右 270 度交叉转动。

直径 28 米的齿轮可以让望远镜在 8~89 度的范围内上下俯仰转动。

主反射面由 14 圈共 1 008 块高精度面板拼装而成，单块面板最大面积 4.9 平方米，最小的为 2.66 平方米。

望远镜安装了 1 104 个促动器，能够对 1 008 块主反射面板的重力形变进行实时调整。

刘庆会及其团队利用VLBI观测技术，在月球车和着陆器上搭载电波源，天马望远镜犹如一只巨大的“顺风耳”，聆听它们发出的射电信号。通过测量月球车与着陆器之间的相对位置变化，对这只“玉兔”移动监测的灵敏度达到了0.1米。

刘庆会说：“家门口的一辆汽车移动10厘米，我们未必能发现，而我们利用VLBI网能够以10厘米的灵敏度监测38万千米远的月球车的移动，这充分体现了中国精度！”

天马望远镜拥有多项集成创新技术，使其“看得远”（高灵敏度）和“对得准”（高指向精度），当之无愧地成为嫦娥三号任务的主力观测站。比如，天马望远镜的指向精度为3角秒，达到了国际先进水平。3角秒是什么概念呢？3角秒即1/1200度，等同于手表秒针每走一格转过的角度的1/7200，这是多么高的精度啊！

2018年，天马望远镜参加了嫦娥四号着陆巡视器和中继星的测轨任务，为世界上首次月球背面软着陆探测做出了重要贡献。后续，天马望远镜将继续服务嫦娥五号、火星探测器、探月四期、小行星探测等任务。

除了服务国家航天任务，天马望远镜作为国际VLBI网重要测站，还在谱线、脉冲星等射电天文观测研究中取得了一系列原创性成果。

天马望远镜与FAST

天马望远镜的口径为65米，在建成后成为我国乃至亚洲口径最大的射电望远镜。2016年，世界上最大的单口径射电望远镜—— 500米口径球面射电望远镜（FAST）在贵州建成。单就口径而言，天马望远镜只能屈居第二。

在FAST建成之后，人们经常会将FAST与天马望远镜进行比较。一般而言，望远镜的口径越大，灵敏度越高，就可以检测到更弱的射电信号。那么，500米口径的FAST的性能是不是要远远超过天马望远镜呢？

事实并非如此，口径只是射电望远镜的一个指标。上海65米望远镜与FAST各有优势，承担着不同的科学任务。天马望远镜能够进行270度交叉转动，对各个方向都能观测，从而可以快速转动跟踪射电信号，因此天马望远镜承担了为探月设备和深空探测器进行导航的任务。FAST是在有限范围内对反射面板进行调整，主要承担脉冲星和中性氢的观测研究

另外，天马望远镜在进行深空探测时，主要工作在高频波段（8.5吉赫左右），受到民用无线电信号（如手机信号）的干扰较小，所以天马望远镜可以建在上海的平原之上。FAST的工作频率为0.07~3吉赫，容易受到电子设备的电磁干扰，因此FAST建在了贵州人烟稀少的偏远山区之中。

天马望远镜和FAST不会“两虎相争”，更多的是强强联手。2019年1月，天马望远镜和FAST成功实现联合观测，获得VLBI干涉条纹。这次联合观测的成功意义重大，实现了“1+1>2”的效果，有助于科学家开展更高灵敏度、更高分辨率的射电天文观测。

（本文作者姚晨辉为《科学画报》记者、编辑。）

中国第一高楼是如何建成的

孙 云

上海中心大厦位于陆家嘴国际金融中心，是一座集商贸、办公、酒店观光为一体的综合性摩天大楼。其建筑高度为632米，为中国第一、世界第二高楼，也是我国目前唯一超过600米高的建筑。

突破了一系列超高层技术难题

承建上海中心大厦的上海建工集团的相关人员表示，上海的地基是软土地基，建超高层建筑的难度很大。而传统的打桩机不仅施工噪声大，而且产生的震动会对周围的建筑造成不同程度的影响，所以上海建工集团决定在全国率先将钻孔灌注桩技术应用于350米以上的超高层建筑。钻孔灌注桩采用的是地下打孔技术，不仅噪声小、震动小，而且能节约造价60%以上。

不过，要在软土地基里将设计承载力1 000吨的钻孔灌注桩打到80多米深，难度非常大。上海建工集团迎难而上，研发出新型成桩工艺体系和控制技术，终于实现了这一“全国率先”，为后续超高层采用钻孔灌注桩奠定了基础。

上海中心

在工程关键技术上，上海建工集团等单位还实现了一系列国内乃至全球首创。比如，设计制造出全球最大的压力混凝土输送泵，创造了建筑工程超大体积混凝土一次连续浇筑体量、实体结构混凝土一次输送高度的世界纪录；首创设计了主体结构与外围柔性悬挂支撑结构变形协同一体的双层表皮玻璃幕墙，通过约束释放、变形吸收，使由2万多块曲面玻璃组成的幕墙具有复杂工况变形协同能力；首创并制造出千吨级电涡流调谐质量阻尼器装置，降低了大楼在风荷载作用下的摆幅，确保了楼内人员的舒适度。

“垂直城市”塑造人文景观

为了把上海中心大厦建设成绿色、智慧、人文的国际一流精品工程，工程团队建立了超高层建筑“内刚外柔”新型巨型结构设计理论体系，突破了传统层叠式超高层理念，首创设计了“垂直城市”超高层建筑。

上海中心大厦双层表皮的内层覆盖了垂直的内部建筑，三角形外幕墙为第二层表皮，而外立面与内立面之间的空间则形成了空中中庭。大厦的幕墙是具有可持续性的绿色设计。与传统的直线形建筑相比，大厦内部圆形立面使其眩光度降低了14%，且减少了对能源的消耗。

千吨级电涡流调谐质量阻尼器装置

江南地区的雨水充沛，而上海中心大厦的顶端被巧妙地设计为螺旋形，可以收集雨水，并对其回收利用。而且，大厦的顶部还安装了功率强大的风力涡轮发电机，利用大自然的风为大厦源源不断地提供绿色电能。可以说，上海中心大厦是一座充分体现城市与自然和谐共存的绿色摩天楼。

上海中心大厦总建筑面积为58万平方米，可容纳3万多人，拥有9个“垂直社区”和21个“空中花园”，堪称一座“垂直城市”。每个垂直社区的高度为12~15层。整座大厦内的电梯多达154部，为垂直运输提供保障。其中运营速度最快的3部超高速电梯，也是目前全球速度最快的电梯。

空中花园就设在双层幕墙的中间区域，成为一个巨大的客厅，同时布置有大面积绿化装饰。人们在这里不仅可以驻足聊天，还能眺望陆家嘴及外滩沿岸的风景。空中花园仿佛在摩天大楼内引入了高空自然环境，可减少超高层建筑给人带来的压抑感。

里程碑意义

近年来，“上海中心大厦工程关键技术”项目已获得近百项国内外发明专利，这些具有自主知识产权的科技成果已被推广应用在我国200多栋超高层建筑中，并被纳入20余部国家、行业、省级标准规范，有力推动了我国建筑业技术进步和转型升级。

上海中心大厦工程是我国综合国力和科技水平的一次集中展示，为我国从超高层建造大国向超高层建造强国的迈进，做出了突出贡献。先进的建设理念、创新的设计和施工技术以及高效的运维管理，反映了当今世界建造技术的最高水平，彰显了我国超高层建造技术国际领先的综合实力，引领了世界超高层建筑技术的发展。

上海中心大厦已获世界高层建筑学会“最佳高层建筑奖”、国际桥梁与结构工程协会“杰出结构奖”等大奖，并成为全球首栋中国和美国标准双认证的最高等级绿色建筑。“上海中心大厦工程关键技术”项目还荣获了2018年度上海科技进步奖特等奖。这再次证明：这座高楼的确是体现国际建筑技术最高水平、引领全球超高层建筑发展的国际一流精品工程。

上海中心大厦的五大关键技术

1. 超高层桩基和基坑工程关键技术

工程团队构建了软土地区超高层高精度沉降计算本构模型和沉降计算方法，实现了基础底板沉降发展历时曲线和不均匀沉降的超前精准预测；研发出深厚砂层超长桩人工制浆护壁成孔、浆液携砂循环除砂等新型成桩工艺体系及控制技术；发明了软土圆形基坑顺作控制变形设计方法。

2. 超高层巨型结构设计关键技术

工程团队通过空气动力学优化，有效降低风荷载效应24%，实现了美学与风工程学的最佳结合；建立了超高层建筑内刚外柔新型巨型结构设计理论体系，发明并制造出5种类型柔性连接滑移支座装置；首创并制造出千吨级电涡流调谐质量阻尼器装置，有效降低了大楼在风荷载作用下的摆幅，提高了大楼使用的舒适度。

3. 超高层巨型混凝土结构建造关键技术

工程团队发明了高强低水化热低收缩混凝土技术，彻底改变了长期以来温差控制无法体现混凝土厚度和体量与温差之间关系的现状；研发出多元要素指标协同控制的超高泵送新技术，创造了多项混凝土一次泵送高度国内外新纪录。

4. 超高层巨型钢结构建造关键技术

工程团队建立了基于外围柔性悬挂支撑结构与主体结构协同一体的施工控制理论体系，开发了模块化集成智能控制的幕墙支撑结构安装升降作业装备，解决了悬、扭、空悬挂支撑结构及幕墙安装难题，达到了玻璃幕墙、悬挂支撑结构与主体结构变形协同控制的目标。

5. 超高层数字建造及绿色建筑技术

工程团队率先在建设全过程采用数字建造技术，建立了由数字模型分析计算、专项技术平台、协同管控平台等组成的具有自主知识产权的超高层数字建造技术体系，开启了超高层数字建造新模式；首次建立基于设计、施工和运维的超高层绿色建筑技术体系，编制并实施了全球首部绿色超高建筑专项评价标准。

（本文作者孙云为《科学画报》记者、编辑。）

高效接枝策略

黄晓宇

看到"接枝"这个词你首先会想到什么？估计很多人会想到植物的嫁接。嫁接是一种植物无性繁殖方法，其中的枝接是选取植株的一个健康枝条，将它的切口削成尖状，然后将其插到进行嫁接的植株上，使两者接合成活为新植株，可用于培养和繁殖具有更优良性状的植株。

在化学领域，接枝是指大分子链上通过化学键结合适当的支链或功能性侧基的反应。将两种性质不同的聚合物接枝在一起，可形成性能特殊的接枝物。因此，聚合物的接枝改性，已成为扩大聚合物应用领域，改善高分子材料性能的一种简单又行之有效的方法。

接枝聚合物的分类

根据接枝基质的不同，接枝聚合物可分为一维、二维和三维几种类型。一维、二维和三维聚合物分子刷是指聚合物链分别接枝到线性聚合物、平面基质和球形粒子表面上形成的独特聚合物体系。

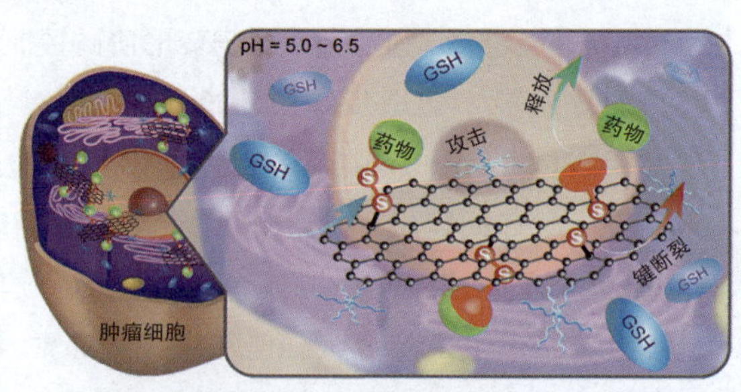

对"谷胱甘肽"(GSH)有识别功能的氧化石墨烯载体在肿瘤细胞内释放药物

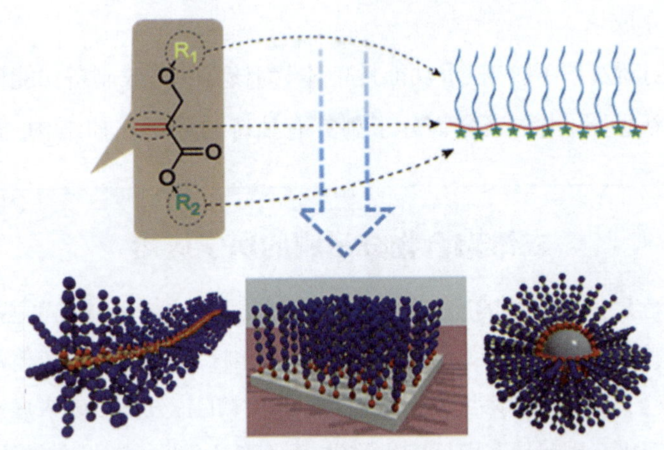

利用"三重功能性单体"策略制备多维度聚合物分子刷基生物功能材料

一维聚合物分子刷也被称为接枝共聚物，它是指聚合物侧链密集接枝到线性聚合物链上所形成的共聚物。一维聚合物分子刷所具有的紧凑的结构可以产生一些独特的性质，例如蠕虫状构象、紧凑的分子尺寸和显著的链端效应。

二维和三维聚合物分子刷是指聚合物链密集地连接在各种有机或无机基质表面上所形成的聚合物复合体系。该聚合物复合体系不仅保留了基质所具有的性质，聚合物链的引入还赋予了复合体系特殊的性质，例如防腐蚀性、胶体稳定性、抗黏附性能、刺激响应性、润滑性和摩擦性等。

但是，聚合物分子刷的高效可控制备仍然是高分子材料领域的一个关键问题，在某种程度上仍是一个挑战。另外，我们也需要发展性能优异的聚合物分子刷基功能材料。

制备聚合物分子刷的高效接枝策略

鉴于此，中国科学院上海有机化学研究所黄晓宇研究员课题组近年来着力于研究聚合物分子刷类材料，创新发展了一系列制备功能聚合物分子刷的高效策略，得到了不同维度的聚合物分子刷基生物功能材料，并系统研究了聚合物分子刷结构与性能之间的关系，取得了具有国际领先水平的原创性研究成果。

(1)创新发展了以“三重功能性单体”为核心的高效制备功能性聚合物分子刷的新思路。由于聚合物分子刷具有独特的分子拓扑结构，如何高效

二维聚合物分子刷的医学应用

癌症是人类面临的最致命、最棘手的疾病之一，而化疗是医学界目前对抗癌症的最有效手段之一。然而，许多化疗药物在水中的溶解度比较低，这导致它们在以水为主的人体内环境中的疗效不尽如人意。富含羟基的氧化石墨烯具备良好的水溶性；而其巨大的比表面积使这类纳米材料拥有了高效负载药物的潜力，是用于“纳米药物传输系统”载体的上佳选择。与氧化石墨烯结合后，原本难溶于水的羧基喜树碱、紫杉醇和冬凌草甲素等抗癌药物的生物利用率可获得极大的增强，对肿瘤细胞的杀伤力也因此明显提升。

此外，化疗是一种全身性的治疗手段，也就是说，化疗药物进入人体后会随血液循环遍布全身的大部分器官，而药物的毒性会不可避免地对没有癌细胞的健康器官造成影响，产生“杀敌一千，自损八百”的副作用。如果能使化疗药物具备精准的癌细胞定位能力，就可以有效减轻其对正常组织的损伤。而便于结构改造的纳米药物传输系统同样可以帮助实现这个目标。癌细胞与正常细胞的内环境在氧化还原平衡态、渗透压和酶表达等方面有明显区别。将载有化疗药物的氧化石墨烯做修饰，并负载对这些区别有识别响应功能的化学基团，即可使药物分子仅在癌细胞中大量释放，在提高药物利用率的同时，显著减轻化疗过程的毒副作用。

除了用于进入生物体内的药物载体之外，氧化石墨烯还可被用于一系列体外感应器件中，实现对葡萄糖、蛋白质或病原体的高效识别功能。例如，氧化石墨烯在附着了连接有免疫球蛋白G抗体的金纳米颗粒之后，可成为场效应晶体管的组成部分，这类微器件能灵敏地感应免疫球蛋白G，而血液中这种蛋白的浓度是医生诊断系统性红斑狼疮和炎症等免疫增生疾病以及重链病等血液系统恶性肿瘤的重要参考凭据之一。

而简便地制备具有特定结构和功能的聚合物分子刷始终是高分子合成化学中的一个挑战性问题。课题组将“三重功能性单体”策略运用到不同结构和功能的聚合物分子刷的高效制备中，制备得到了一系列具有新颖结构和功能的一维聚合物分子刷，并系统研究和揭示了聚合物分子刷的化学组成和结构对其相关性质的影响规律。

（2）发展了一系列制备基于二维聚合物分子刷的复合功能材料的高效策略，并将其应用于制备氧化石墨烯聚合物分子刷基药物传输体系，构建了具有高水溶性、低细胞毒性和高生物相容性的药物传输体系。

（3）发展了多种制备基于三维聚合物分子刷的复合功能材料的高效策略，并将其应用于制备基于金和介孔二氧化硅等有机/无机杂化纳米生物功能材料中，制备了具有良好生物相容性的介孔二氧化硅基三维聚合物分子刷复合体系，这类材料可作为优异的智能药物可控传输体系。

在总结以上研究成果的基础上，该课题组将有机化学和高分子化学相结合，开发了基于“三重功能性单体”的高效合成一维聚合物分子刷的新策略。还发展了通过非共价途径-活性结晶驱动自组装来构造非共价键一维聚合物分子刷。在探究一维、二维、三维聚合物分子刷的可控制备的基础上，还探究了聚合物分子刷在药物输送、防污涂层以及锂离子电池等方面的应用。

（本文作者黄晓宇为中国科学院上海有机化学研究所研究员，博士生导师；2007年入选上海市青年科技启明星计划，作为第一完成人荣获上海市自然科学奖一等奖；2018年获得国家杰出青年科学基金的资助；主要从事有机高分子功能材料的研究。）

纺织科技助力搭“鹊桥”，为北斗撑起“太空伞”

蒋金华 陈南梁

随着卫星技术在通信、空间站、深空探测等领域的深入发展，空地交流日趋频繁，急需卫星天线的大型化。在卫星（或目标飞行器）上装载大型可展开空间天线是实现这一目标的唯一途径。

可展开空间天线的关键材料之一是一种轻质、柔软、强度高、结构稳定、波长适应性强、反射率高、展开可靠性强的经编金属网。由于制作金属网的金属丝极细，且经编织造极为困难，之前只有美国、俄罗斯、日本等发达国家掌握这项技术，但禁止出口其产品。

空间天线的核心

2018年5月21日，我国在西昌卫星发射中心用长征四号丙运载火箭，成功将探月工程嫦娥四号任务鹊桥号中继星发射升空。鹊桥号中继星是人类历史上第一颗地球轨道外专用中继通信卫星。

由于月球的自转和公转周期相同，导致它只有一面对着地球，我们在地球上永远没法直接看到月球背面。而嫦娥四号的着陆器和月球车，要在我们看不见的月球背面着陆。只有先架好了“鹊桥”，待嫦娥四号到了月球背面后，才不会跟我们失去联系。因此，鹊桥号中继星是地面和月球背面之间的通信桥梁。

北斗卫星导航系统是我国自主研发、独立运行的全球卫星导航系统，与美国的全球定位系统、俄罗斯的格洛纳斯、欧洲的伽利略定位系统并称为全球四大卫星导航系统。2020年6月23日，北斗三号最后一颗全球组网卫星发射升空，标志着中国北斗卫星导航系统全面建成。太空中几十颗导航卫星像一颗颗棋子，精准分布在地球不同轨道，昼夜不停地绕地球运转，为我国和全球其他国家用户提供高质量的通信定位服务。

鹊桥号中继星和北斗卫星等空间通信卫星都有共同的关键部件——可展开网状天线反射面，它发挥着远距离反射电磁波信号的作用。可展开网状天线反射面是大型及超大型可展开空间天线最重要的结构，它就像一把伞一样，在发射过程中是收起的，进入太空后将适时打开。

其中，金属网是空间天线反射电磁波的关键部件和星载网状天线的基础材料。但长期以来，我国星载天线金属网主要靠进口，怎样才能突破技术壁垒，不再受制于人？

坚持“纺织智造”

如今，在东华大学产业用纺织品教育部工程研究中心实验室里，就有一把特别的“伞”：它既不挡雨也不遮阳，特殊的伞骨支撑着一层薄薄的黄色金属网。

科研团队在实验室

实际上，这款特别的“伞”在我国北斗导航卫星、移动通信卫星等多个系列空间卫星中发挥了至关重要的作用，不仅开创了我国卫星采用自主研发金属网天线的历史，还为柔性天线关键产品国产化进程发挥了里程碑式的作用，为国产金属网在轨应用奠定了坚实的基础。

从2008年开始，东华大学陈南梁教授及其团队与相关研究所携手，踏上了一条“国家航天使命必达”的攻关路。陈南梁团队始终秉持“纺织智造，纺织强国”的科学信念，不断突破技术壁垒，并真正实现了国产化。

以往的天线采用的多是铝合金等传统金属材质的材料，其密度大、硬度高，无法实现卫星天线在太空中收放自如。那么，有没有一种材料能够让卫星天线轻便、强韧又性能稳定？

在反复试验中，团队人员发现：镀金钼丝材料具有高强度、低热膨胀系数、高反射率等特性，是用于制造空间可展开网状天线反射面的绝佳选择。

但是，用镀金钼丝制作金属网并不简单，因为金属网既要足够强韧以承受发射飞行的外力，还要柔软可编以在太空中易收易展。对团队来说，要想获得“刚柔并济”的金属网，就少不了经编技术。

纺织通常是经纬线十字交叉（衬衫织物的结构），而经编则是像织毛衣一样，将纱线弯曲成圈并相互穿套形成织物。在生产网眼织物时，与其他的生产技术相比，经编技术更胜一筹：生产的网眼结构延伸性更好，也更稳定、牢固，更适合于反射面的折叠展开，以及卫星在恶劣的太空环境下“生存”。

不断试错，自主研发

由于镀金钼丝原料的特殊性，市面上并没有专门的生产工艺和设备，为此，陈南梁带着团队骨干一头扎进全国四大经编基地之一——常州，与企业技术人员一同“猫”在厂房里，创新生产方法和改造工艺设备。

自主创新从来就没有捷径，用研究团队自己的话说，他们一直在“摸着石头过河”，常常发现“实验失败是再正常不过的事了”。有一次，由于钼丝太细，肉眼很难察觉，工人在操作时一不小心把所有丝线都弄断了。这可急坏了整个研究团队，“咬咬牙，或许下次就能成功”，于是全体成员齐上阵，通宵赶工。终于，及时修补了第一批样品。

经过坚持不懈的科研攻关，团队采用极细金属丝合股及经编技术，实现了极细镀金钼丝纤维（仅有头发丝直径1/4细）合股加捻的技术突破，且设计制造出专用的并线、整经和经编设备，设计出全套生产工艺。

这一系列的技术和工艺突破，不仅顺利制造出了“刚柔并济”的卫星天线金属网，也让这把“大伞”的质量较之前减小了90%以上。最终，项目团队突破了高性能卫星大型可展开柔性天线金属网材料经编生产关键技术及产业化。

“星载天线金属网”在我国北斗导航卫星、移动通信卫星等多个系列卫星中发挥了至关重要的作用。这项成果不仅开创了中国卫星采用自主研发金属网天线的历史，还为柔性天线关键产品的国产化进程、在轨顺利应用奠定了里程碑式的基础；不仅极大提高了我国卫星的通信能力，还使我国成为继美国之后世界上第二个能够研制口径10米以上收发共用星载天线的国家。

未来，东华大学产业用纺织品教育部工程研究中心及团队仍将不断致力于高性能产业用纺织品的研发，在完善改进“天宫”系列半刚性太阳能基板、星载可展开天线金属网等应用产品的同时，积极展开平流层飞艇、可展开太空舱、空间着陆气囊等航空航天关键材料的研究，也将怀抱着“纺织强国”的信念继续砥砺前行。

（作者蒋金华为东华大学纺织学院教授，在高性能纤维特种织造技术和产品开发方面具有突出的成绩及深入的研究基础，获得各类省部级科技进步一等奖5项。作者陈南梁为东华大学副校长、教授，一直致力于产业用纺织品和纺织结构复合材料的开发研究工作，多次主持承担和参与完成国家重点研发计划项目，其负责的“高性能卫星大型可展开柔性天线金属网材料经编生产关键技术及产业化”项目荣获上海市科技进步奖一等奖。）

植物和昆虫的博弈

毛颖波 陈雪莹

植物与昆虫合奏出一曲绚丽的自然之歌。

地球上约有35万种植物和100万种昆虫，多样的物种组成了缤纷的大自然。昆虫和植物之间的相互作用，是物种多样性发展的重要驱动力。花朵的鲜艳色彩和芬芳气味取悦了赏花人，而它的初衷是在告诉那些传粉的昆虫："嗨，我在这里。"

植物抗虫的十八般武艺

植物为昆虫提供食物，昆虫帮助植物传粉，互惠互利。但植物和昆虫之间，并不总是那么和谐。

植物的足迹遍布了七大洲、四大洋的各个角落，为动物和人类提供食物，是整个食物链中最主要的生产者。植物固着生长，无法主动躲避昆虫的袭击。于是，在漫长的自然选择和协同进化的过程中，植物进化出一套复杂的防御系统。

棉玲虫

从外表来看，一些植物进化出厚厚的蜡质、尖锐的表皮毛等，从物理上减少昆虫的取食和附着。另外，针对昆虫的取食行为，植物能够合成有毒的次生代谢物（又称特殊代谢物），或是在伤口处产生有毒的挥发物质，或是像“壁虎断尾”一样让被咬的叶子发生细胞死亡，从而阻止受伤范围的扩大。同时，有的受伤植物会释放类似“狼烟”一样的信号，告诉周围的植物：“敌军即将到达战场，请做好准备！”

植物次生代谢物是一类小分子化合物，在植物适应环境的过程中，尤其是在抵御病原微生物侵染和昆虫取食的反应中，发挥着重要作用。其中，萜类是植物次生代谢物中最丰富的一类，包括单萜、倍半萜和二萜等，它们以异戊二烯为基本单元，具有重要的生理与生态功能。

有些萜类具有挥发性，可吸引传粉的昆虫或害虫的天敌；有些萜类具有抑制草食性昆虫生长的活性，参与植物的直接防御反应。有些萜类成分具有重要的药用价值，如抗肿瘤的紫杉醇、抗疟疾的青蒿素、抗炎活血的丹参酮和冬凌草素，以及具有多种药理活性的三萜类化合物（如人参皂苷）等。

棉花是重要的经济作物，棉纤维是纺织工业主要的天然原料。在棉花的茎秆、叶片等组织表面有黑色点状的腺体，那是植保素的储存仓库，含有大量棉酚、半棉酚酮等倍半萜衍生物。

棉酚具有普遍的生物毒性，是棉花抵御病原微生物和草食性动物的主要成分。如果腺体缺失，棉花品种就对昆虫取食表现出高度的敏感性。经过多年研究，中国科学院上海生命科学院植物生理生态研究所的陈晓亚（中国科学院院士）研究团队解析了棉酚的生物合成途径及其调控，先后克隆了催化棉酚合成的3个关键合酶。

棉酚在植物中的合成与积累具有严格的时间和空间特异性，并受环境因子（如病菌侵染和害虫取食）的诱导。陈晓亚研究团队发现：亚洲棉中的转录因子GaWRKY1负责棉酚的诱导表达，对棉酚代谢具有重要的调控作用。GaWRKY1也是国际上第一个被鉴定出的调控倍半萜代谢的转录因子。

陈晓亚院士（右一）指导学生工作

昆虫的适应策略

所谓"道高一尺，魔高一丈"，生物的进化总是相辅相成，昆虫大军也发展了多种适应性策略来应对植物的防御。它们有些长出了更细长、更坚硬的口器来吸取茎秆汁液，捣碎叶肉细胞；有些在自己肚子里合成解毒剂，面对有毒的植物也不怕；有些不直接吃植物，而是把植物叶片切下来饲喂细菌，坐享细菌消化分解后留下的营养物质。

按照昆虫选择的宿主植物种类的多寡，植食性昆虫分为单食性、寡食性和广食性三类。专食性（包括单食性和寡食性）昆虫，或者存在一个特殊的解毒酶系来对付特定宿主所产生的有毒化合物，或者有一套特殊的系统来阻止有毒化合物的吸收并将其排出体外。

广食性昆虫拥有种类复杂的解毒酶，比如，细胞色素P450单加氧酶（P450）、谷胱甘肽S-转移酶、酯酶等。这些解毒酶的表达水平或活性，在昆虫取食植物时被诱导，从而提高昆虫的耐受性。有了解毒酶，昆虫就能迅速有效地对摄入的有毒化合物进行代谢解毒。

棉铃虫是一种广食性昆虫，严重危害农作物生产。虽然棉酚具有普遍的生物毒性，但棉铃虫并不惧怕棉花中高度积累的植保素。低浓度的棉酚甚至还能促进棉铃虫的生长。

陈晓亚研究团队发现：取食含有棉酚的食物，会诱导棉铃虫P450基因CYP6AE14的表达，且诱导程度与棉铃虫对棉酚的抗性正相关。如果抑制棉铃虫P450的活性，就能显著降低棉铃虫对棉酚的耐受性。

有趣的是，棉铃虫并不只是被动地解除棉酚毒性，它们还能利用这类植保素诱导体内多种解毒酶的表达，从而提高幼虫整体的解毒能力，提高对环境的适应性。

值得一提的是，植物的信号分子茉莉酸和水杨酸也能诱导昆虫解毒相关P450的表达。这些研究说明植物次生代谢物在植物与昆虫的共进化中具有重要的作用。

抗虫作物的改良

为了缓解过度使用农药给生态环境造成的压力，转基因技术被广泛应用于作物栽培，实现了更环保的生物防治。但这一技术有一定的局限性：由于长期种植，有些害虫对传统转基因作物产生了抗性。因此，需要发展新的抗虫技术。

非编码RNA是指不编码蛋白质的RNA，在RNA水平上就能行使各自的生物学功能。双链RNA能够特异性抑制与之同源的基因表达，这一调控被称作RNA干扰（RNAi），它是真核生物中普遍存在的基因表达调控模式。

陈晓亚研究团队发展了一种植物介导的昆虫RNAi技术：将与昆虫基因匹配的双链RNA在植物中表达，取食了这类转基因植物的昆虫的相应靶基因的表达会受到抑制。这一技术的显著优点是能够特异性地抑制昆虫防御基因的表达，从而抑制昆虫取食，达到抗虫效果。这为农业害虫的安全有效防治提供了新思路和新方法，为开发新一代安全有效的抗虫植物奠定了基础。

植物介导的昆虫RNAi适用于多种昆虫，并具有较高的基因专一性。RNAi在植物保护中的利用，不仅用于抗虫，还在病毒防御机制中发挥着重要作用，同时能用于调控植物的抗逆和抗病反应。因此，RNAi技术在农林业生物技术领域有着广阔的应用前景，有助于我们利用更有效、更安全的手段去平衡昆虫与经济作物的关系。

植物对昆虫的抗性和昆虫对植物的适应性都是相对的，没有一种植物可以抵抗所有的植食性昆虫，也没有一种昆虫能耐受所有的植物毒素。两者在不断地竞争和较量中协同演化，越来越多样化和复杂化。对植物和昆虫攻防互作的研究，不仅助力我们了解物种的多样性，也帮助我们研发更先进的技术手段去保护农作物不受虫害的侵扰。

（本文作者毛颖波为中国科学院上海植物生理生态研究所研究员，主要从事植物昆虫互作研究，获2017年度上海市自然科学一等奖；陈雪莹为上海科技大学生命科学与技术学院生物系2018级博士生。）

长江大闸蟹如何“爬”回百姓餐桌

冯广朋

> 蟹之美味，久负盛名。《周礼》中载有“蟹胥”，即一种蟹酱。它既保留了蟹的鲜味，又能长期保存，是海疆进贡周王室的贡品。李白曾作诗描绘品蟹的情景：“蟹螯即金液，糟丘是蓬莱。且须饮美酒，乘月醉高台。”

中华绒螯蟹长江口栖息生境

然而，随着人类过度捕捞、栖息生境的恶化、滩涂湿地的丧失等，河蟹的天然资源在20世纪末曾经枯竭殆尽。幸运的是，我国科学家通过多年潜心研究，终于破解了河蟹资源变动的奥秘，逐渐使其恢复到了正常水平。现在，河蟹可以源源不断地供应市场，成为百姓餐桌上的日常佳肴。

中华绒螯蟹的习性

河蟹又称大闸蟹、毛蟹、螃蟹，是我国名贵淡水经济蟹类，其实它的学名是“中华绒螯蟹”。它的外壳除了腹部以外都是青绿色的，好像披着一件

蟹苗

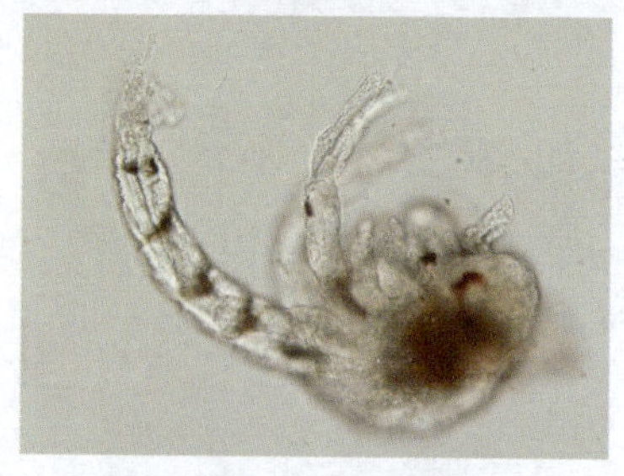

中华绒螯蟹胚胎发育出膜

翠绿的罩衣；小眼睛呈球状，乌黑透亮，好像老式电视机上的拉杆天线，可以360度旋转；蟹背好像“忍者神龟”背上的盾牌，非常坚固。

中华绒螯蟹资源的分布区主要为中国、朝鲜西部和亚洲北部。一般认为，我国中华绒螯蟹有2个种群，其中北方种群以辽河、黄河水系中华绒螯蟹为代表，南方种群以长江、瓯江水系中华绒螯蟹为代表。我们熟知的“阳澄湖大闸蟹”，就是长江中华绒螯蟹的典型代表。

“秋风起，蟹脚痒。”长江中华绒螯蟹入秋后便从长江中游的淡水湖泊向长江口洄游。受长江口咸水刺激，雌雄亲蟹进行交配，受孕的抱卵母蟹肚子逐渐鼓胀，里面藏有几十万粒受精卵。母蟹在九段沙湿地等区域停留数月后，受精卵孵化为蚤状幼体。蚤状幼体逐渐发育为米粒大小的大眼幼体，也就是长江口渔民常称的“蟹苗”。蟹苗逐渐从长江口向长江中游洄游，发育成扣蟹、幼蟹，然后进入通江湖泊育肥成长，并在第二年秋季“重出江湖”。

捉过河蟹的小伙伴都知道，它们通常居住在河岸边的洞穴里。中华绒螯蟹掘穴时主要靠1对螯足，步足只起辅助作用。洞穴一般建造在土质坚硬的陡岸上，洞穴均位于高低水位之间，洞口大于蟹体，洞内直径与蟹体大小相当，洞底常比蟹体大2~4倍。但是，有些中华绒螯蟹并不居住在洞穴里，而是躲在石头下边。这是为什么呢?

原来在有潮水涨落的河川或岸滩，中华绒螯蟹一般营穴居生活；而在饵料丰富、水位稳定、水质良好的湖泊、草荡中，中华绒螯蟹一般隐伏在石砾间、水草丛中或底泥中过“隐居”生活。

我们在河水里时常会看到蟹腿、蟹钳等，这是不是表示有中华绒螯蟹遇害了呢？其实不然，因为中华绒螯蟹具有“自切”和再生肢体的特殊功能。受到强烈刺激、敌害攻击或者机械损伤时，中华绒螯蟹会将受到伤害的肢体从基部压断，这种现象被称为“自切”。这是中华绒螯蟹逃避敌害、脱离危险的一种保护性适应。

中华绒螯蟹自切数天后，肢体断落处会长出一个半球形的疣状物；不久后，疣状物延长成棒状，并能迂回弯曲，形状一般比原来的肢体稍小，但同样具有摄食和运动等功能。这种附肢断落后重新长成的现象我们称为“再生”。

中华绒螯蟹资源减少的原因

20世纪70年代，长江中华绒螯蟹资源开始急剧衰退，其原因是多方面的。首先是栖息地被破坏。长江口深水航道、洋山深水港、青草沙水库等世界级特大工程相继建设，对底栖生境、水质等产生重大影响，底栖生物种类和资源量发生相应变化。

其次是产卵地环境被破坏。长江三角洲是经济最发达、人类活动最多的区域之一，每年在长江中下游开展的大规模工程建设和滩涂围垦，导致滩涂湿地快速减少。中华绒螯蟹在河口产卵后，受精卵孵化和幼体成长需要依赖河口湿地环境，由于缺少滩涂湿地支撑，其存活率急剧下降，影响其资源数量。

最后是资源的过度捕捞。长江水系亲蟹与蟹苗具有极高的经济价值。20世纪末长江口蟹苗资源枯竭，价格一路攀升，最高时超过8万元/千克，长江口蟹苗因此被称为“软黄金”。此外，由于渔民过度捕捞，长江中华绒螯蟹的繁殖群体和补充群体资源数量急剧下降。

人工养殖大闸蟹

资源监测数据表明：1970—2003年长江口亲蟹与蟹苗资源量年间变幅较大，总体呈衰退趋势，大眼幼体捕捞量由40吨/年下降至1吨/年，冬蟹捕捞量由114吨/年下降至不足1吨/年。中华绒螯蟹天然资源枯竭，长江口繁育场功能基本丧失。

中华绒螯蟹资源恢复技术

为了恢复长江中华绒螯蟹的优良资源，中国水产科学研究院东海水产研究所科研团队率先提出了放流中华绒螯蟹亲体以增加产卵规模的技术方案，方案实施十余年后，长江口蟹苗资源量显著回升。

该技术方案改变了长期以来以单一放流生物幼体为主的模式，通过科学投放“准蟹爸”和“准蟹妈”，开创了渔业资源增殖新途径。团队通过行为生态学方法掌握了中华绒螯蟹在不同阶段的生长发育需求，发现由浮游至底栖的转换阶段是其死亡敏感期。团队据此创建了“漂浮湿地”微生境营造技术，实现了关键栖息地的替代修复。

团队还研发了放流亲蟹“套环+贴标”组合标记专利技术。这相当于给亲蟹穿戴上了“婚戒”和“马甲”，标志保持率可达85%，为放流后亲蟹的识别回收和恢复效果评估奠定了基础。

团队发明了小型蟹类声呐标志跟踪和三维定位技术，首次实现亲蟹洄游路径和繁育场精准定位，掌握了长江口中华绒螯蟹“夫妇入产房”的路线，为制定“一控二限”（控制捕捞总量、限制捕捞地点和时间）管控措施提供了科学依据。

团队研发创建了中华绒螯蟹亲体放流成套技术体系。连续13年放流，繁殖群体由年均7.7万只恢复并稳定在170万只，年均放流亲蟹12万只。累积效应使资源恢复效率提升249%，而放流贡献率从68.2%降至4.3%。这表明长江口河蟹资源已实现自我补充平衡，种群的规模可以逐年壮大。

水生生物资源恢复的成功范例

“亲体增殖+生境修复+资源管控”的综合模式，使长江口蟹苗年产量由不足1吨/年恢复至60吨/年左右的历史最高水平。专家评价认为，该项目是国际上水生生物资源恢复的成功范例。

团队还在国际上率先测定了中华绒螯蟹全基因组，实现了胚胎超低温冷冻复活，并培育出了名为“诺亚方舟”的大闸蟹新品种。该品种具有众多优良性状，如：体色纯正，体形健壮，腹部银白，形态特征显著；生长速度快近20%，大规格率高20%以上；存活率高，适合池塘、稻田等多种养殖场地。

长江口的天然中华绒螯蟹种质及其相关的配套技术已服务于上海、江苏、安徽、江西、湖北等20多个省（直辖市），为我国中华绒螯蟹养殖产业的快速发展奠定了物质基础，新增产值达25.4亿元，产生了重大的经济、社会及生态效益。

现在全社会都强调，保护生态环境就是保护生产力，改善生态环境就是发展生产力。科学家肩负着养护长江资源的重要使命，将积极推动人与自然和谐发展，努力实现“绿水青山、鱼翔浅底、留住乡愁”的美丽中国愿景；在资源养护的基础上，使我国人民都能够享受大闸蟹的美味，“一斗擘开红玉满，双螯啰出琼酥香。岸头沽得泥封酒，细嚼频斟弗停手”。

（本文作者冯广朋为中国水产科学研究院东海水产研究所研究员，博士。）

遨游深海的“海马”

连 琏

“海马”号4 500米遥控潜水器(ROV)是继“蛟龙”号载人潜水器之后我国海洋技术领域的又一个标志性成果，它的成功研制使我国在大深度遥控潜水器领域实现了自主研发装备“零的突破”。

下潜南海

2014年4月18日，在我国南海中央海盆海域，“海洋六号”综合科学考察船稳稳地停在蔚蓝色的海面上。船上一条脐带缆悬吊着一台亮黄色的装置——“海马”号4 500米遥控潜水器(以下简称“海马”号ROV)。“放缆!”随着指挥员的一声令下，5吨多的“海马”号ROV缓缓入水。在海面漂浮片刻后，“海马”号开始以40米/分的速度向中央海盆深处下潜，2小时后，“海马”号ROV抵达了4 502米的海底。

这是我国自主研制的首台4 500米级深海作业系统——“海马”号ROV在南海进行海上试验的场景。“海马”号ROV是主要针对深海资源探测和作业需求，以深海资源探查、探海科学考察、海底观测网络组网建设、水下工程作业等实用性为目标开展研制的一套大型作业级水下机器人。

在3个阶段的海试中，“海马”号ROV共完成17次下潜，3次到达南海中央海盆4 500米海区海底进行作业试验，最大作业水深4 502米。完成了水下布缆、沉积物取样、地震仪海底布放、海底自拍摄、标志物布放等多项任务，成功实现与水下升降装置的联合作业，通过了91项技术指标的现场考核。

考核结果证明，“海马”号ROV具有实用化海洋设备应具备的可靠性、稳定性和适应性，除了具备常规的强作业型ROV的功能和作业能力以外，还具有海底观测网扩展缆布放功能，并可根据不同的任务要求进行作业功能的扩展，已达到国外同类ROV的技术水平。

此次海试的成功，标志着我国全面掌握了大深度作业级遥控潜水器的各项关键技术，并在关键技术国产化方面（国产率达93%）取得了实质性进展。

“海马”号ROV作业系统

ROV为无人、有缆系统，不同于载人潜水器，它通过脐带缆与水面母船连接，脐带缆担负着传输能源和信息的使命，母船上的操作人员可以通过安装在ROV上的摄像机实时观察海底状况，并通过脐带缆遥控操纵ROV及其机械手、配套的作业工具，从而实现水下作业。ROV通常配备有水下摄像机、水下照明灯、云台、声呐、深度计、高度计、罗经、机械手、控制系统等设备，其中控制系统是ROV的大脑。由于是无人有缆系统，ROV具有作业能力强、作业时间不受能源限制、无人员风险、能长时间在海底执行复杂而艰巨的作业任务等优点，因而成为水下作业（尤其是深海作业）不可缺少的装备。

“海马”号ROV作业系统主要由ROV系统（ROV本体、ROV水面控制系统）、水面支持系统（作业母船“海洋六号”、甲板吊放回收系统、A形架和止荡器）、水下作业工具组成。

“海马”号具有强大的系统动力和搭载能力，有优良的操控性能、系统可靠性和稳定性，配备了多路高清视频和超视距高分辨探测声呐，有强力而灵巧的作业机械手，有精准的深海定位能力，能快速安装各种搭载设备和作业工具以适应各种不同的深海作业任务要求。

研发历程

深海潜水器技术与装备是海洋探查和资源开发利用不可或缺的手段，在一定程度上标志着国家海洋资源勘探开发甚至海洋权益维护能力和科技水平。它们不仅对国民经济和社会发展以及国家军事安全有极为重大的意义，还对未来的海洋空间利用、海洋旅游业、深海打捞、救生等有着不可估量的价值和战略意义。

与世界先进国家相比，我国的海洋装备技术水平还存在着一定的差距，尤其是面向深海的装备技术水平差距较大，诸多关键技术仍为少数发达国家所垄断，严重制约了我国参与国际海洋竞争的能力。

正是基于上述背景，国家“863”计划于2008年启动了“十一五”重点项目“4 500米级深海作业系统”，上海交通大学为项目总师单位，也是项目课题“4 500米ROV本体和关键配套设备”的承担单位，“海马”号ROV即是该项目的重要成果。

在6年的研发历程中，上海交通大学“海马”号研发团队克服了一个又一个的技术难点，突破了核心技术受控于国外、国内技术产业配套能力弱等不利因素，全面开展了基础研究和关键技术攻关，突破并掌握了深海遥控潜水器的总体设计与制造、系统控制与实时检测、远程动力传输与分配、远程信息传输与处理、重型升沉补偿器、大规模系统集成与试验等核心技术，实现了93%的技术装备国产化和一步正样，打破了国外技术封锁，形成我国基于“海马”号的4 500米深海作业能力。

“海马”号ROV的研制和海试，不仅使我国全面掌握了大深度遥控潜水器设计建造和试验应用方面的各项关键核心技术，同时还带动了相关配套技术与产业的进步，也使我国初步具备了无人遥控潜水器的产业化基础。基于“海马”号ROV技术，上海交通大学已完成我国国产品牌“海马”系列ROV研发，并形成200米、500米、2 000米、4 500米ROV产品。

“海马”号征程

2015年，广州海洋地质调查局利用“海马”号ROV，在南海北部海域发现了与天然气水合物有关的冷泉系统，并将其命名为“海马冷泉”。

2017年，“海马”号ROV在西太平洋富钴结壳矿区的6次下潜作业中大显

ROV的分类

ROV是遥控潜水器英文全称Remotely Operated Vehicle的缩写。ROV按规模大小和质量可分为小型、中型、大型和超大型；按功能可分为观察型和作业型；按照作业能力强弱可分为作业级和重载作业级；按照运动模式，又可分为浮游式和着底爬行式（履带或者轮式）；按照动力提供方式也可分为液压驱动和电动两种 。

小型ROV体积小，重量轻，操纵简单，主要用于水下观察，因此多为观察型ROV。中型ROV质量为几百千克，除具有小型ROV的观察功能外，还配有机械手和声呐系统，有简单的作业和定位能力。大型ROV体积大，质量达几吨，具有较强的推进动力，配有多种水下作业工具和传感定位系统，如水下电视、声呐、作业工具包及多功能机械手等。

为什么是4 500米

为什么“海马”号ROV将作业深度设定在4 500米呢？因为我国南海中央海盆的深度约为4 500米；同时，4 500米水深覆盖了我国南海98%的海域、国际大洋海底100%富钴结壳资源富集区和95%~98%热液硫化物富集区，4 500米级深海作业装备能够满足绝大部分深海探查和作业的需求。

“海马”号出水瞬间

身手，取得了包括海底微地形、结壳类型、水文动力学和生物多样性等多领域探查的丰硕成果，累计获取结壳样品336千克，并创造了中国第一个ROV搭载钻机作业、第一个富钴结壳厚度在线声学原位探测等多项新纪录。

2018年，"'海马'号4 500米ROV本体和关键配套设备"项目荣获2017年度上海市科技进步奖一等奖。

2019年，"海马"号成果在新中国成立70周年国庆观礼"国家科技成就"彩车上进行了展示。

（本文作者连琏为上海交通大学教授、博士生导师。）

给棕地“整容”

徐 梅

绿地被称为“城市之肺”。越来越多的都市人喜欢在紧张忙碌的工作之余，到绿地去亲近自然，放松身心。很多人或许不知道，城市中除了“绿地”，还有“棕地”。棕地又称棕色地块，通常指工矿企业或市政设施关闭搬迁后遗留下来的场地。这类土地存在潜在的或明确的环境污染问题，所以常常被闲置或不再利用。实际上，它们有巨大的开发价值，特别是随着城市化进程的快速推进，城市建设用地需求大幅增加，对工业场地和市政用地进行再开发利用已经成为城市可持续发展的重要途径。

“解毒”不易

受长期工业生产活动影响，棕地中可能含有各种污染物，如汞、铬、铅、镉、砷、镍等重金属，以及苯系物、石油烃、农药等有机物。有毒物质渗入地下后，毒性可持续上百年。国内外发生过很多因棕地污染控制和管理不善而引发的严重污染事件，如“美国拉夫运河事件”“日本富山骨痛病事件”等，引发民众的广泛关注。

可以说，棕地遭受的是“慢性中毒”。其污染主要是由原工矿企业的生产活动引起的，多数为慢性、累积性污染。污染物大多吸附于土壤颗粒表面，或渗入土壤颗粒内部，甚至嵌入土壤中的矿物晶格里。因此，与新近受到污染的土壤不同，棕地中的污染物大多处于老化或者固定状态，其迁移扩散能力相对较低；而新近发生的土壤污染，污染物与土壤和地下水之间的吸附与解吸尚未达到平衡状态，因而容易迁移和扩散。

老化的污染物大大增加了棕地修复的难度。例如：采用淋洗剂可以有效移除土壤中的污染物，包括半挥发性与挥发性的有机物、重金属、燃油和杀虫剂；但对于老化的污染物，采用淋洗方法的处理效果较差，特别是土壤黏土含量较高时，污染物牢固地吸附在土壤细小颗粒表面，采用淋洗方法很难有效地进行处理。

又如：植物修复是解决土壤污染问题的有效手段，但修复较慢，达到修复目标往往需要几年甚至十几年时间。目前对棕地的修复通常是在开发利用的过程中实施的，允许的修复时间十分有限，因此，棕地土壤不适于采用植物修复的方法。

棕地修复治理的难点还有很多。例如：工矿企业用地的土层结构人为干扰强烈，硬化地面下均有一定厚度的杂填土层，且有地下管线及构筑物，场地水文地质条件复杂，污染精准识别难度大；缺乏科学系统的技术标准规范，导致风险评估结论存在一定程度的不确定性；长期以来，我国土壤污染防治基础薄弱，缺乏对企业用地土壤环境的监控预警体系，潜在污染场地风险管控难度大。

转变观念

上海正在建设与世界级城市相匹配的新型工业体系。随着城市发展和产业结构调整，生产性企业逐渐搬离中心城区，中心城区释放出大量污染严重的工业企业用地。针对城市转型发展过程中工业企业关闭搬迁后，遗留场地污染风险的科学诊断和有效管控问题，“城市再开发场地土壤污染控制与修复关键技术及应用”项目组，历经逾10年创新研发与工程实践，形成了许多创新成果。

上海世博会场地土壤修复是上海场地环境保护工作的起点和里程碑。上海世博会场地上原来有很多化工和制造企业，污染情况比较复杂。从2004年开始，上海世博局、环保局、科委等单位启动了上海世博园区场地环境调查、风险评估和治理修复等相关工作，整合了科研院所、高校和企业的力量，于2012年完成了近20万立方米污染土壤的治理修复工作。整个园区土壤修复工作历时8年，过程很曲折，但是收获也很大。

例如，在初始阶段，园区内含砷、铬等有毒有害重金属的土壤被当作“危险废物”运至危险废物处置中心进行安全填埋。这种处理方式费用昂贵，而且填埋场容量有限，填埋棕地土壤严重影响了正常的危险废物处理。人们只能将已填埋的受污染土壤重新挖出来运至砖瓦厂，将其焚烧制成砖瓦。但是，新的问题又出现了：砖瓦厂的处理能力有限，消化不了那么多受污染土壤。到底该怎么办呢？经过不断摸索和反复论证，科研人员最终采用了稳定化技术进行处理，同时对处理以后的土壤进行跟踪管理，采用综合途径来评估稳定化处理的风险。

上海世博会土壤修复过程中遇到的问题和采取的解决方法，促进了场地环境管理观念的转变。传统的观念基于严格的质量评估标准，力求达标。通过一系列实践，科研人员明确了方向，达成了共识：不能盲目地将棕地土壤作为危险废物进行处理，应该针对土壤污染特征和具体地块、将来的用途和污染暴露的场景实施风险评估。对风险较大但开发价值较高的场地，可以按照土地规划功能进行修复；对风险较小的场地，以防止扩散为主，切断暴露途径，限制用地功能，先控制污染源，后修复污染场地，从而实现绿色可持续发展。这样的观念转变对后续的场地环境管理产生了深刻的影响。

治理样本

继世博会场地修复之后，上海又启动了另一项重大工程—— 迪士尼乐园建设。2009—2012年，上海完成了迪士尼乐园一期和二期场地环境调查、风险评估和治理修复工作。

上海桃浦工业区转型再开发场地污染风险管控与治理修复是另一个典型案例。桃浦工业区从20世纪50年代开始聚集了大量的工业生产企业，

20世纪80年代成为上海的重污染地区。2013年起，桃浦地区被列入上海市重点区域整体转型发展地区，通过建设“桃浦科技智慧城”实现脱胎换骨的转型升级。科研人员通过精准识别和科学评估场地污染风险，实施“风险管控，分类施策”的治理修复策略，创新研发及应用安全高效修复技术等方式，在再开发场地污染风险管控与治理修复方面取得丰富经验，为上海，甚至全国提供了一个可复制、可推广的污染地块治理样本。

大量工业企业关闭搬迁场地的污染治理修复实践，为上海城市转型发展提供了环境安全保障。在实践过程中，科研人员创新研制3类绿色高效修复材料；创新研发2项修复技术，突破了软土地质条件下污染物难以抽出的瓶颈；成功研制3套修复工程专业装备。这些成果填补了国内空白，突破了国外技术壁垒。

同时，上海在国家尚未出台相关技术文件的背景下，结合实际情况探索形成了一系列与国际接轨的技术方法和管理思路，参与制定国家行业标准20项、上海地方标准规范11项，获授权发明专利15项、实用新型专利21项，有效推动了该领域的科技创新、学科发展和人才培养。

棕地是工业化的产物，它虽然“颜值”不高，但是蕴含巨大的开发潜力。事实证明，只要思路清晰、措施得当，棕地就能成功“整容”，变得整洁、漂亮又健康，成为公众娱乐休闲的乐园、文化交流和展示的舞台、新兴产业腾飞的平台……

（本文作者徐梅为《科学画报》记者、编辑。）

地铁盾构“变形记”

陈一苇　姚晨辉

2019年9月17日，在第21届中国国际工业博览会上，一台椭圆断面的全断面隧道掘进机（简称盾构）荣获了“中国国际工业博览会大奖”，引来不少观众驻足观看。

随着隧道建设在全国各大城市如火如荼地进行，人们对盾构这一隧道施工利器也不再陌生。但是，平时我们在新闻上看到的盾构都是圆形的，而这台获奖的盾构却长得像个“横鸭蛋”，为什么要制造这样一台相貌奇特的盾构呢？

类矩形盾构曲折的诞生过程

这台“横鸭蛋”盾构是隧道股份上海隧道工程有限公司（简称上海隧道）自主研发的11.83米×7.27米全断面切削类矩形盾构。（“类矩形”是专为描述此类断面隧道发明的新词，指由四条曲线围合的截面，国际上也被称为“复合圆形”。）根据上海隧道总工程师朱雁飞的介绍，它的诞生还有一段曲折的故事。

"阳明号"盾构

"这要从2014年说起。"朱雁飞娓娓道来。当时在一场交流会上，宁波地铁业主诉说了一件烦心事：宁波地铁4号线进入规划环评公示阶段，其中部分区段要经过街道狭窄的老城区，隧道将侵入沿街房屋的下方，不少居民担心隧道施工会造成房屋沉降，也担心地铁通车后的噪声和震动对日常生活造成影响，意见比较大。宁波地铁希望用世界最先进的技术来解决这个问题。一开始上海隧道提出，采用自日本引进的双圆盾构施工，就可以避免房屋下穿行。但宁波地铁并不满意，因为双圆盾构在上海和台湾都有过沉降控制不成功的案例，日本本土也多年未有应用案例。宁波地铁要求"必须用世界最先进的技术，而不是人家淘汰的技术"。

为此宁波地铁专门组织了考察团赴日，实地调研了多个异形断面盾构法隧道的案例，了解到日本房屋产权含投影线下方的地下空间，因此这一问题更为突出。自20世纪90年代后期开始，日本已将矩形或类矩形断面的盾构作为克服此类困难的不二法门，效果很不错。然而，一旦谈起设备引进，日方却委婉地表示："近期没有向海外销售此类产品的意愿。"于是，宁波地铁决定走自主研发的道路。

他们将位于宁波郊区的地铁3号线的末端一条出入场线短隧道作为“试验田”，工况包括超浅覆土穿越河流、穿越浅基础房屋、穿越拔桩回填区等复杂工况，在全国首次以“科研–设计–施工一体化”公开招标的形式，为一种全新装备及其配套的设计、施工技术开发和现场验证试验，发出了“风险共担、利益共享”的招标邀约。上海隧道在与“巨无霸”级对手的竞争中脱颖而出，成功中标该项目，联合同济大学、上海交通大学、上海隧道设计院等单位，共同开发“类矩形”盾构法隧道技术体系。

这种特殊的盾构是根据宁波地铁4号线的实际情况，兼顾类似条件下的可推广性而设计的。这种隧道断面接近矩形，去除了圆断面隧道里的无效空间，比一般地铁的双嵫双线隧道窄1/3，高度则比普通单嵫双线的大型圆隧道矮了近50%。

首战告捷

根据业主要求，一年内，类矩形盾构要完成装备下线并推进100环，这近乎是一个不可能完成的任务。上海隧道牵头的产学研团队迎难而上，开

“阳明号”盾构施工现场

拓创新，用不到10个月的时间，完成了类矩形盾构的研制和始发准备工作，用实干精神证明了这一创新模式的高效。后来日本专家到现场参观时，对此高效率也是赞叹不已。

2015年9月30日，国内首台类矩形盾构机研制完成，宁波地铁有感于项目“知行合一”的精神，用宁波历史名人——王阳明先生的名号将其命名为“阳明号”。

2015年11月30日，“阳明号”在宁波地铁3号线工地顺利始发，这也是中国人第一次完整地创造一种盾构形式、一个隧道技术体系。

与传统圆形盾构施工一次推进只能成形一条隧道不同，这台断面为11.83米×7.27米的土压平衡类矩形盾构开掘出的隧道可容纳一来一去两条地铁线，高效地利用了地下空间，将解决城市核心区和老旧城区“放不下”与“碰不得”的难题。

“放不下是指道路狭窄，无法满足传统盾构施工的空间需求；碰不得是指城市周边环境不能被破坏，施工过程中要精确控制沉降，不能再像双圆盾构一样被诟病。这台自主研发的类矩形盾构，解决了老旧城区、历史风貌保护区小马路造地铁的施工难题。”朱雁飞介绍说，类矩形盾构的空间利用率比圆形盾构高30%~40%，更适合“螺蛳壳里做道场”。

“阳明号”盾构在首秀中，要穿越主要由淤泥、淤泥质黏土等构成的软弱地层以及超浅覆土，还要穿越房屋和河流。而“阳明号”不负众望，顺利完成了任务，外地表沉降控制良好，隧道无渗漏水，达到了工程既定目标。

谈到那次“阳明号”盾构的首秀，有一个精彩的小插曲令朱雁飞记忆犹新。宁波地铁3号线一期工程出入段要从宁波正宇电机厂的厂房下穿过，该厂主要生产精密塑料件，当时正值订单生产高峰期，如果施工过程中厂房地面发生沉降变形，将可能会造成大量残次品。为此，该厂的老板忧心忡忡。不过，“阳明号”盾构没有让人失望，在顺利完成这一段隧道施工后，隧道上方的厂房地面没有产生一条裂缝，也没有因为地面变形而造成残次品。为此，正宇电机厂的老板特地买了几大箱水果，送到了上海隧道的施工人员手中，感谢他们高质量的穿越施工保障了工厂的正常生产。

此后，“阳明号”和它的孪生兄弟“阳明2号”在宁波地铁4号线、5号线、2号线2期等项目中成功应用，完成了都市核心区、老旧城区、“零”覆土等多种工况环境的穿越，均取得良好效果，目前它们正在杭州地铁施工。

工欲善其事，必先利其器

类矩形盾构属于异形盾构的一种，在整个盾构大家族中是一个较小的分支，但是作为一种具有良好沉降变形控制能力、大幅度节约地下空间的特殊类型盾构，类矩形盾构为我国方兴未艾的轨道交通建设可持续发展提供了新的有力武器，尤其是困扰建设多年的轨道交通线路中用于车辆折返、调头的配线设置可以迎刃而解，也为管廊地下空间开发利用提供了新工法。

“阳明号”类矩形盾构的技术研发与应用推广过程还揭示了一条土木工程高效创新之路——装备、设计、施工齐步走。

谈到这一点，朱雁飞深有感触，他说：就现代化盾构而言，我国和邻国日本的土压平衡盾构都是在20世纪80年代起步，也都经历了90年代的大发展，中国的工程体量是日本无法达到的，施工水平则各有千秋。但是在技术的多样性方面，日本远远领先我国，很好地适应了自身特殊的需求。其中的秘诀就在于存在大型施工企业整合装备、设计、院校一体化创新突破的机制。他形象地比喻道：“这就好比射击，首先要有好枪，再论枪法。近30年来我国工业水平长足发展，我们终于拥有了‘要打什么仗，就造什么枪’的底气，已经具备了走上这条快速发展道路的基本条件。”

中外专家给予类矩形盾构以很高的评价，中国工程院梁文灏院士评价“阳明号”为“对地铁单峒双线隧道施工尤其合适，可以丰富大规模线网建设的技术手段”。该项目2017年荣获了上海市科技进步奖一等奖。

（本文作者陈一苇供职于上海隧道工程有限公司企划部。）

既要治水，也要治泥

顾淼飞

> 我们都听说过污水处理，但是有没有想过，作为污水处理副产物的污泥最终去哪里了呢？如何对它们进行处理处置呢？它们能变废为宝，甚至推动相关行业产业能级提升吗？

事实上，污泥处理处置是一个很严峻却常常被忽视的问题。我国每年的污泥产量多达数千万吨，其中仅有20%~30%实现了稳定化、无害化处理。如果污泥被随意堆置，很可能造成严重的二次污染。

国际上主流的污泥处理处置技术是厌氧消化技术，这种技术利用厌氧微生物，将污泥中的大分子有机物分解为甲烷、二氧化碳、水等简单化合物，产生的沼气可以用作绿色燃料。厌氧消化技术在解决了污泥污染问题的同时，还顺便实现了生物质能的回收，可谓一举两得。但是很可惜，这种技术在我国的应用和运行遇到了很多困难，国外厌氧消化技术装备在我国的运行稳定性很低，效率也不尽如人意。

造成这一局面的主要原因是我国污泥泥质特点与国外存在巨大差异。我国污水厂污泥普遍存在微细砂含量高、有机质含量低的特点，而且污泥组成非常复杂，既含有碳、氮、磷等资源性物质，也含有重金属、难降解有机物、微塑料等污染性物质。另外，我国人口密度高，城市污泥的处理量很大。因此，开发适合我国污泥泥质特点的高级厌氧消化技术迫在眉睫。

为此，同济大学环境科学与工程学院戴晓虎教授领衔的团队历经多年攻关，开发了高标准、高品质、全链条的污泥处理处置技术体系。同济大学、上海市政工程设计研究总院（集团）有限公司、上海交通大学三家单位共同完成的“污水厂污泥高效生物稳定化处理与资源化利用关键技术研发及其应用”项目也获得了2017年上海市科学技术奖一等奖。

污泥是个“潜力股”

有人可能会问：污泥真有变废为宝的潜力吗?

“泥”不可貌相，别看污泥又脏又臭，它可是个“潜力股”，只要利用得当，就能产生能源和效益。

20世纪80年代，加拿大研究人员曾经做过一个很有趣的试验：他们建立了一个工厂，试着用污泥来生产燃料。他们先是通过机械方法去除污泥里的大部分水分和泥沙，然后将干污泥放进高温蒸馏器中，结果发现：蒸馏之后得到的气态组分转化成了燃油，而固态组分转化成了炭。于是，这家工厂开始利用这种方法生产燃料，每吨污泥可以生产2桶燃油和0.5吨烧结炭。

这个例子说明，污泥中的确含有可以进行资源化利用的成分。从那以后，随着对城市污泥组成的进一步了解，人们渐渐意识到，污泥中富含碳、氮、磷等资源性物质，这些物质让污泥拥有了变废为宝的可能性。

如今，世界多国的科学家都在城市污泥的资源化利用方面做出了大量研究成果，开发了许多城市污泥的利用途径。比如：污泥中的含碳组分可以用作污水除磷脱氨的补充碳源，可以生产甲烷或氢气，可以制造微生物燃料电池，或者生产生物柴油；含氮组分和含磷组分分别可以用来制氮肥和磷肥。由于其中含有多种有机物和金属，污泥还可以实现材料化转化，用来制备吸附材料、催化材料或者储能材料。

污泥怎样变废为宝

虽然污泥具有很高的利用价值，但是要想把污泥变成资源，可不是一件容易的事情。污泥的处理处置要一步步来：首先要经过减量化和稳定化处理，也就是减少污泥的质量和体积，并且降解污泥中的易腐有机物质；然后进行无害化处理，使其不会对环境造成二次污染，不会危害人体健康；最后才是资源化处理，也就是回收具有使用价值的物质和资源。

每一个过程都有与之相适应的污泥处理处置技术。例如：浓缩、脱水适用于减量化处理，厌氧消化、好氧堆肥、焚烧适用于稳定化处理，厌氧沼气回收、焚烧热能回收、土地有机质利用、建材无机质利用等技术可用于资源化处理，等等。当然，其中有一些技术可以同时满足多个处理目标。

乍一看，污泥的处理处置有这么多技术路线，似乎"条条大路通罗马"，但是综合考虑技术的成熟程度、经济成本、可持续发展的可行性等因素，厌氧消化技术仍然是最值得关注的技术之一。

污泥处理处置的"中国方案"

我国污泥厌氧消化技术的运行水平与发达国家差距很大。我国的污泥泥质特点之一是微细砂含量高，污水厂污泥中的微细砂含量为50%~70%，远高于国外不到30%的含砂量。正是这个原因使得厌氧消化技术在我国"英雄难有用武之地"，数据表明，我国污泥单位有机质厌氧产气率仅为国外的50%。那么，微细砂为什么会导致厌氧消化的效率降低呢？有没有什么办法能消除微细砂对厌氧转化的抑制作用，开发出一种得到强化的高级厌氧消化技术路线呢？这就是项目团队要解决的问题。

项目团队在识别了我国典型高含砂污泥的泥质特点与消化特性的基础上，首次阐明了微细砂对污泥有机质厌氧转化的影响机制，即污泥有机质-砂结合体的厌氧转化拮抗效应。在厌氧消化过程中，多种不同微生物的代谢过程相互影响、干扰，形成了非常复杂的生化过程。既然是生化过程，就离不开酶的参与，而微细砂与蛋白结合形成的络合体会导致有机质的酶结合位点减少，表面位点密度下降和表观活化能的上升使得污泥的厌氧转化十分困难。据此可知，提升污泥厌氧转化效能的途径就是破坏蛋白与微细砂形成的络合体。

在厘清了这一机制的基础上，项目团队开发出高含固厌氧消化技术，攻克了高含砂污泥厌氧消化过程转化率低的难题。这一创新工艺的核心是热水解预处理技术，它能有效提高溶解性有机污染物的比例，大大降低污泥的黏度，从而使污泥的降解率得到显著提升。

项目还形成了污泥与餐厨等有机废弃物协同处理处置的技术路线。所谓"协同"，不难理解，就是把两种或两种以上的物料放在一起进行厌氧消化处理，而且不同类型的物料能相互促进消化，使消化性能和经济性能达到"1+1>2"的效果。协同消化之所以能发挥优势，是因为协同消化过程可以平衡一些对于厌氧消化比较重要的物料参数，如碳氮比、pH值、含固率等。这项技术为我国城市餐厨垃圾等有机废弃物的资源化处理与安全处置提供了新思路。

一系列自主创新技术也推动了我国污泥处置产业化的发展。项目成果的相关示范工程已经在长沙、镇江等地建设完成，其中，长沙的污泥集中处理处置工程项目形成了具有自主知识产权的热水解技术及装备，实现了关键技术及装备的国产化，其高效稳定化和资源化的技术路线属国内首创，是当前国内运行的规模最大的污泥高级厌氧消化处理示范项目之一，产生了重大的环境、经济和社会效益。

（本文作者顾淼飞为《科学画报》记者、编辑。）

核电站的混凝土“铠甲”

柳建军 姚晨辉

只要提高安全防护技术，狂暴的原子能就能安全地为人类所用。在核电站中，反应堆安全壳就是一道重要的核安全屏障。

原子能的利用

物质所具有的原子能（也称核能）要比化学能大几百万倍以至一千万倍以上，人们据此制造了原子弹。1945年，美国将一颗原子弹投在了日本的广岛市，造成十余万人死伤，广岛市几乎被夷为平地，让人类第一次见识了原子能的巨大威力。

1951年，美国建成了世界上第一座实验性核电站，揭开了人类和平利用原子能的序幕。但是，核电站的反应堆内有大量的放射性物质，一旦泄漏，会对外界环境和民众造成巨大的伤害。苏联切尔诺贝利核电站爆炸事故和日本福岛核电站放射性物质泄漏事故的发生，更是令很多人谈核色变。

不过，我们不应因噎废食，与传统的火力发电站相比，核电站具有清洁、环保、低消耗等明显的优势。在全球化石能源日益稀缺的背景下，世界各国的能源消费结构都在向清洁低碳加快转变，核电也是我国今后电源结构调整的主攻方向。

根据国务院2020年12月发布的《新时代的中国能源发展》白皮书，自1991年我国首座自行设计、建造的秦山核电站并网发电以来，截至2019年年底，我国在运在建的核电装机容量为6 593万千瓦，居世界第二，在建核电装机容量居世界第一。

核电站安全壳

核电站由核岛、常规岛、配套设施等组成，核岛包括核反应堆、蒸汽发生器、主泵等。反应堆安全壳是包在反应堆外面起保护作用的立式圆柱状外壳。

核电站反应堆发生事故时会大量释放放射性物质，安全壳就是最后一道核安全屏障，能防止放射性物质扩散污染周围环境。同时，安全壳也是反应堆厂房的围护结构，能保护反应堆设备系统免受地震、龙卷风及其他飞射物的冲击、飞机失事冲撞或化工厂爆炸等偶然事件的影响。目前国际上建造的压水堆核电站安全壳的形式主要有预应力混凝土安全壳和钢结构安全壳两类。

2021年1月30日投入商业运行的福建福清核电5号机组，采用了我国自主创新的第三代压水堆核电技术"华龙一号"。作为"华龙一号"全球首堆，该机组的安全壳采用了双层结构，由内外两层钢筋混凝土再加上中间的不锈钢板构成，就像是为核反应堆披上了厚厚的铠甲。内外两层钢筋混凝土的厚度分别为1.3米和1.8米。内层能确保在反应堆发生事故的情况下，放射性物质不会外泄；外层能抵抗外部撞击的损害，如抵御波音747等大型飞机的冲撞。

可以看到，作为核电站安全壳的主要材料之一，混凝土的性能优劣决定了反应堆的安全与否。核电站安全壳所采用的也不是普通的混凝土，而是能够屏蔽γ射线、X射线和中子辐射的防辐射混凝土。其中的胶凝材料采用硅酸盐水泥或铝酸盐水泥、钡水泥、镁氧水泥等，集料采用重晶石、磁铁矿、褐铁矿和废铁块等。

混凝土的前世今生

混凝土是由水泥、砂、石子、水和其他材料按一定比例拌和后硬化而成的建筑材料，是现代土木工程中用途最广、用量最大的一种建筑材料。

与砌体结构、木结构相比，混凝土结构的发展历史并不长。1824年，英国的建筑工人阿斯普丁发明了波特兰水泥，为混凝土的大量使用开创了新纪元。1849年，法国的兰博特用水泥砂浆涂在钢丝网的两面做成了一条小船，这是最早的钢筋混凝土结构。1861年，法国的一名花匠莫尼尔用钢丝作为配筋制作了花盆并申请了专利，后来他又申请了钢筋混凝土板、管道、拱桥等专利。尽管莫尼尔不懂钢筋混凝土结构的受力原理，甚至将钢筋配置在板的中部，他仍然被认为是钢筋混凝土结构的发明者。1884年，德国人瓦伊斯等提出了钢筋应配置在构件中受拉力的部位和钢筋混凝土板的计算理论。后来，钢筋混凝土结构逐渐得到了推广应用。

混凝土中加入钢筋形成的钢筋混凝土结构，解决了混凝土承载力小、抗拉性能差的缺点。混凝土和钢筋的温度线膨胀系数很接近，可以避免产生较大的温度应力而破坏两者的黏结力。两者能够可靠地结合在一起，集成了混凝土抗压、钢筋抗拉的优点，各尽其能，相得益彰。而且，混凝土包裹在钢筋的外部，可使钢筋免于腐蚀或高温软化。

由于混凝土结构具有耐久性好、耐火性好、整体性好、可模性好、就地取材、节约钢材、能阻止射线的穿透等优点，它在土木工程中获得了广泛的应用。比如，我国超过100米高的高层建筑绝大多数是混凝土结构或混凝土和钢的组合结构；隧道、桥梁、高速公路、城市高架公路、地铁等交通工程大都采用混凝土结构；大坝、拦海闸墩、渡槽、港口等水利工程多用混凝土结构；核电站的安全壳、热电厂的冷却塔、储水池、储气罐、海洋石油平台、电视塔等特种工程也大多采用混凝土结构。

核电站关键混凝土结构的破坏分析与灾害控制

安全壳混凝土结构是核电站的一道重要安全屏障，其在施工期和后续使用期间的安全性备受关注。针对核电站关键混凝土结构安全性预防和控制的世界性技术难题，在国家高技术研究发展计划（863计划）和一系列国家自然科学基金项目支持下，由同济大学牵头、上海核工程研究设计院等多家单位共同参与，同济大学土木工程学院顾祥林教授领衔进行了“核电站关键混凝土结构的破坏分析与灾害控制”项目攻关。

项目组围绕“早龄期混凝土材料性能时变规律、混凝土结构跨尺度破坏机理、结构倒塌触地振动多介质传播机制”3个关键科学问题，进行了10余年的科学研究、技术开发和工程实践。项目组聚焦核电站关键混凝土结构破坏过程与特点、灾害预测和控制，形成了以混凝土结构早龄期性能演化分析与裂缝控制技术、混凝土结构破坏过程多尺度分析与倒塌控制技术及核电站大型冷却塔倒塌触地振动分析与次生灾害控制技术等创新性、集成性成果，研究成果应用在秦山、桃花江等核电站设计中，为我国先进三代核电技术的自主创新做出了贡献。

该项目取得了一系列具有自主知识产权的高水平研究成果，显著推动了行业科技进步，使我国核电站混凝土结构裂缝控制、倒塌预测、次生灾害控制与评估等方面的理论研究和工程实践能力显著提升，项目因此荣获了2017年上海市科技进步奖一等奖。

（本文作者姚晨辉为《科学画报》记者、编辑。）

自动化集装箱码头技术

姚晨辉

> 与传统码头相比，自动化码头是以科技手段实现集装箱装卸、水平运输、堆场装卸全过程自动化的新型码头。

码头的变迁

1934年，由蒲风作词、聂耳作曲的《码头工人歌》生动描绘了码头工人的苦难生活："从朝搬到夜，从夜搬到朝，眼睛都迷糊了，骨头架子都要散了……笨重的麻袋、钢条、铁板、木头箱，都往我们身上压。"

我国地域广阔，属于沿海国家，拥有绵长的海岸线和丰富的内河资源。随着近代工业、交通的发展，我国在水陆交通要地诞生了一批港口城市，如天津、青岛、上海、宁波、广州等。在20世纪初叶，港口码头的货物装卸主要通过人力。在反映那一时期社会状况的影视剧作品中，我们经常可以看到码头工人挥汗如雨扛麻袋的场景。

不过，歌曲中描述的这些场景都是老皇历了。随着码头货物吞吐量的增大，单靠码头工人已经远远不能满足货物装卸和运输的需要。在机械制造技术的支持下，一系列码头装卸机械设备应运而生，如抓斗卸船机、龙门起重机等起重机械，带式输送机、气力输送机等输送机械，叉式装卸车、跨运车等装卸搬运机械等。

随着现代运输体系的建立，传统的散货和小件杂货运输模式逐渐被集装箱运输所代替。集装箱可以把各种繁杂的件货和包装杂货组成规格化的统一体，具有能长期反复使用、容积大、规格标准、摆放方便、节省船舶空间、可以进行快速装载和卸载等优点。因此，集装箱运输成为当今世界主要的货运方式。

世界各国纷纷建设集装箱码头，集装箱质量大和外形规整的特点，使得自动化技术在集装箱码头的应用推广具有了必要性和可能性。自动化码头彻底颠覆了传统码头的运作模式，是一场“码头革命”，从人工码头到自动化码头，这项技术给港口的运作模式、航运经济和贸易的发展都带来了巨大影响。

自动化集装箱码头的发展

在自动化码头，码头作业由原先的码头操作员现场操作变成监控室电脑操作完成。自动化码头具有很多技术亮点，如：码头、集装箱岸桥、堆场吊桥均是无人操作，机器人自动拆集装箱锁垫，全自动岸边无人理货、全自动喷淋熏蒸消毒、全自动空箱查验，自动运行的无人驾驶集装箱拖运车（AGV）将集装箱运到堆场，AGV循环补电，巡航里程无限制等。

自动化集装箱码头的发展过程基本可分为三个阶段。

第一代自动化集装箱码头以1993年投入运营的荷兰鹿特丹港ECT码头为代表，它的特点是岸桥是单小车结构，水平运输采用的自动导引小车沿固定圆形路线运行，AGV采用内燃机液压驱动。

第二代自动化集装箱码头以2002年投入运营的德国汉堡港CTA码头为代表，特点是岸桥是双小车结构，水平运输采用的AGV沿灵活路线运行，码头的路径规划设计和设备调度采用了计算机模拟技术。AGV起初采用内燃机液压驱动，后来采用柴油发电机供电的电力驱动，2009年逐步升级为动力电池供电的电力驱动。

第三代自动化集装箱码头以2008年投入运营的荷兰鹿特丹港Euromax码头为代表，AGV采用柴油发电机电力驱动。

我国自动化码头建设起步较晚，但追赶速度很快。2014年，厦门港率先

振华重工设计制造的AGV

建成我国第一个全自动化集装箱码头。2015年，上海港、青岛港先后规划建设自动化集装箱码头。2017年12月，上海洋山深水港四期（简称“洋山港四期”）开港试运营，标志着我国港口业在运营模式、技术应用以及装备制造上实现了跨越升级与重大变革。

洋山港四期工程共建设7个集装箱泊位，集装箱码头岸线总长2 350米，设计年通过能力初期为400万标准箱，远期为630万标准箱，采用全自动化集装箱码头建设方案。洋山港四期的建成和投产标志着中国港口行业在运行模式和技术应用上实现里程碑式跨越升级。

“中国智造”的自动化集装箱码头技术

面对智能化、无人化的码头发展趋势，从2006年开始，上海振华重工（集团）有限公司（简称振华重工）领衔的研究团队历经10多年的研发，在自动化码头装卸系统关键技术上取得了一系列创新成果，使自动化集装箱码头装卸系统中的多种装备和装卸环节实现了智能化。如世界首创的自动化双小车岸边集装箱起重机，其中的门架小车无须人工控制就能自主运行，将集装箱放到全电动AGV上。国内首创、国际先进的装卸设备远程控制与调度系统（ECS），实现了多设备远程综合控制、多任务柔性调度与协同作业、多设备远程监测与故障诊断，能对自动化码头上的700多台设备进行智能调度。

在洋山港四期码头的装卸现场，桥吊抓起集装箱，将其轻轻地放在AGV上，AGV将集装箱拖向堆场指定位置，再交给轨道吊抓取堆放。整个作业过程前后不过10分钟，现场既没有桥吊驾驶员，也没有集卡驾驶员，所有操作都在50米外的中控塔内远程操控完成。

其中最引人注目的是码头上的数十辆AGV，这种车静质量20~30吨，加上集装箱的质量，全车可达70吨，但它们在码头上来回穿梭，彼此从不会发生碰撞，且停车位置十分精确，误差不会超过2厘米。

这些AGV全天候不间断行驶，能耗却不高，大容量锂电池让车辆可以在满电后持续运行8个小时。振华重工为这些无人车研发了自动换电系统，电量不足时，车辆可自行前往换电站更换电池。更换电池全程只需6分钟，电池充满电仅需2小时，整个充电过程零排放，可节省能耗40%左右。与借助GPS和传感器实现无人驾驶的汽车有所不同的是，AGV依靠的是敷设于地面上的6万多个磁钉引导。这些磁钉宛若一个个路标，通过无线通信设备、自动调度系统以及磁钉引导，AGV可自如穿梭，通过精密定位准确到达指定停车位。

（本文作者姚晨辉为《科学画报》记者、编辑。）

以光为媒，催生绿色未来

张金龙 吴仕群 朱乔虹

在墙面上涂抹光催化材料，室内的有机污染物就能在光照下被分解；向污水中添加光催化材料，水中的污染物也会被分解成无毒无害的物质；喷涂在幕墙玻璃上的光催化材料可以发挥自清洁作用，让有着“水泥森林”之称的城市建筑成为真正的绿色建筑……

光催化材料的神奇之处还不止于此。它还能通过吸收太阳光催化氧化还原反应，从而将太阳能转化为化学能。

十多年来，我们围绕着拓展光催化材料的可见光利用范围和提高光催化量子产率这两个关键科学问题，开展了大量研究工作。2017年，我们的“高效光催化材料的制备及其机理研究”项目获得上海市科学技术奖一等奖。

光的作用

1972年，英国的《自然》（*Nature*）杂志发表了一篇论文，论文中提出了一种利用二氧化钛电极光解水，从而产生氢气和氧气的方法。可以说，正是这篇论文开创了光催化这一新的研究领域，让以二氧化钛为代表的光催化材料成为化学界的“宠儿”。

二氧化钛为什么能催化水的光解反应？这要从它的结构说起。

二氧化钛是一种半导体，它的能级结构由能量较低的价带和能量较高的导带组成，价带和导带之间的能量差称为带隙能量。至于什么是价带、什么是导带，我们可以打个比方来帮助理解。价带好比河流的下游，导带好比河流的上游，而电子就好比河流里的小船。当没有外加能量时，由于水流的作用，小船都聚集在下游，即当半导体材料处于基态时，电子全部分布在价带上。当小船外加足够的能量开动起来，逆流而上，也能行驶到河流的上游。类似地，当半导体材料受到足够能量的激发，电子就能从价带跃迁到导带上，所需要的这部分能量就是带隙能量。

如果有光照射到二氧化钛材料上，且光的能量大于或等于带隙能量，那么价带上的一部分电子就会被激发，跃迁到导带上，在导带上自由流动；而电子"跳"到导带上以后，价带上就留下了一个个空位。这个过程如果用专业的说法来描述，就是光催化材料受光激发，产生了光生电子和空穴。

接下来，电子和空穴会来到催化剂表面的不同位置。空穴迫切地想要得到电子（也就是具有很强的氧化能力），因此可以将水分子氧化成氧气，而电子则参与析氢反应。这就是二氧化钛能够在光照条件下使水分解的原因。

事实上，二氧化钛等光催化材料的应用主要集中在能源领域和环境领域，都利用了其能够受光激发产生电子和空穴的性质。前者是指通过光催化剂引发一系列氧化还原反应，从而将太阳能转化成化学能，例如前面提到的分解水制氢气，还有二氧化碳的催化还原等；后者的基本原理是让光催化材料产生强氧化能力的活性氧物种，从而将水体或空气中的污染物氧化分解。

大有可为的光催化材料

《自然》杂志的那篇论文让人们看到了光催化材料在水解制氢领域的独特潜力，这一结果让人们大受鼓舞。因为如果这项技术能实现大规模工业应用，就意味着可以将太阳能转化为化学能，能源匮乏的问题也将迎刃而解。但遗憾的是，水的光解反应非常困难，人们一时间并没有实现进一步的突破。不久以后，在20世纪70年代末，人们发现在光催化剂的作用下，水体中的污染物可以被无选择性地分解掉，于是开展了光催化技术用于环境领域的一些研究。

光催化材料之所以能处理污水，同样得益于它受光激发后产生的电子与空穴。空穴迁移到催化剂表面之后，会将吸附在催化剂表面的水分子氧化为羟基自由基（OH·）。羟基自由基的氧化能力非常强，能把绝大多数有机污染物分子和部分无机污染物分子都氧化为二氧化碳、水等无毒无害的物质。

按照类似的机理，光催化材料还可以分解空气中的污染物，起到净化空气的作用。例如，有的空气净化器就利用了光催化技术，“玄机”就在于过滤层上的光催化材料；将光催化材料涂覆在高速公路的隔音墙上，可以分解汽车尾气。光催化材料还可用于杀菌消毒。它被涂抹在器皿或其他物体表面之后，不仅能杀灭细菌，还能将细菌分解——跟现在杀菌液主要采用的纳米银相比，这是光催化材料独有的优势。在新冠肺炎疫情期间，基于光催化材料的杀菌液也应运而生，并且取得了一定的应用。

补足短板，突破瓶颈

有人可能会问：既然光催化材料这么厉害，既能净化空气、处理污水，又能将太阳能转化成化学能，为什么它的使用范围似乎并没有达到随处可见的程度？这是因为光催化材料在实际应用中还存在着不容忽视的局限性。

最大的局限性在于它的带隙能量与太阳光谱不匹配。以二氧化钛为例，它的带隙能量为3.2电子伏，相应的，它只能吸收波长小于387纳米的紫外光，但是太阳光的能量大部分集中于400~600纳米的可见光波段，紫外光只占不到6%。这就是说，光催化材料对太阳能的利用并不算高效，需要拓展它对光的吸收范围，或者让这个范围向可见光波段偏移。

另一个局限性是光催化反应的效率还不够高。为什么目前污水处理最常用的方法仍然是物理方法（如吸附、沉降）或生物方法？就是因为光催化技术的效率还不够高。如果综合考量效率和成本的话，光催化技术的“性价比”就显得偏低了，所以它仅适用于水体污染物毒性高、浓度低的情况，例如制药工业废水的处理。

如何让光催化材料更多地吸收可见光呢？我们主要采用了元素掺杂的方法。将过渡金属或非金属离子掺杂到光催化材料中，可以让带隙结构发生变化，使得吸收波长向可见光波段拓展，或者产生新的掺杂能级，又或者使带隙变窄，从而用较低能量的光就可以激发光催化材料产生电子和空穴。

至于如何提高催化效率，首先我们要搞清楚导致效率偏低的原因是什么。前面提到，光生电子和空穴会迁移到催化剂表面的不同位置，分别发生还原和氧化反应。但其实，它们的去向还有另一种可能，就是在表面发生复合，重新结合在一起。一旦发生复合，催化剂就失活了。这是导致光催化效率不高的重要原因。因此，如何让电子和空穴快速分离和转移，同时抑制二者的复合就成为提高催化效率的一个关键因素。

基于这样的分析，我们通过构建异相界面设计出了一系列高活性的光催化剂，例如负载了空间分离型双助催化剂的光催化材料。顾名思义，双助催化剂就是在体系中引入两种助催化剂，它们在反应中分别捕获电子或空穴，并将自身作为还原反应或氧化反应的活性中心。只要这两种催化剂在空间结构上彼此分离，那么电子和空穴一旦产生就会立刻被捕获到不同位置，不会相互接触，自然也就不会复合。我们还提出了一些构建异相界面的其他方法，包括构建“异质结”结构、制备Z型构架等。

当前，我国提出了碳达峰、碳中和的目标，这为光催化技术的发展带来了新的机遇。要实现碳达峰和碳中和的目标，必须彻底改变现今以“热催化”为主的化学工业生产方式。相比于热催化，光催化不需要高温、高压的反应条件，不需要复杂的操作设备，最重要的是，光催化的能量来源只有太阳能，是真正绿色的、低碳的生产方式。

光催化剂具有巨大的应用潜力，像制烯烃、合成氨这些化学工业中极其重要的反应，今后都有可能使用光催化材料作为催化剂。如果能以此大规模地将太阳能转化成化学能，无疑将是一场彻底的变革。

（本文作者张金龙为欧洲科学院外籍院士，华东理工大学化学与分子工程学院教授、博士生导师，“高效光催化材料的制备及其机理研究”项目第一完成人；吴仕群、朱乔虹为张金龙教授团队博士研究生。）

废水处理中的“组合拳”

顾淼飞

打开水龙头，你就可以接到一杯干净的水。我们早已把这看作是习以为常的小事，不过，这杯水来得并不容易，它的背后体现了废水处理技术的升级和发展。

据统计，我国90%以上的城市水域受到污染，在一项针对我国118个大中城市的地下水调查中，有115个城市的地下水显示受到污染，其中严重污染的约占60%。这个严峻的事实提醒我们，大力发展、创新发展废水处理技术已是刻不容缓，否则我们将会面临无水可用的危机。

高效的膜分离技术

废水处理的方法很多，膜分离技术是其中较为高效的一种。它具有不发生相变、无副反应、无二次污染、操作条件温和、能耗低等优点，近年来发展迅速，应用广泛。

膜分离组件的核心部分当然就是一层膜。这是一层半透膜，其表面分布有小孔，当料液流过这层膜的时候，粒径比孔径小的颗粒可以穿过，粒径大于孔径的颗粒被挡住，这样就起到了分离的作用。

有人可能会问：久而久之，膜表面的小孔难道不会被堵住吗?

这种现象确实会发生。随着分离过程的进行，料液中的颗粒会沉积、浸入或吸附在小孔中，使得孔道变小甚至被堵塞，这就是膜污染，它是造成膜寿命降低的重要原因。颗粒的富集还会产生另一个后果，就是在膜表面形成具有浓度梯度的边界层，浓度梯度的存在会削弱势差对料液的推动作用，从而降低分离效率。为了理解这一点，我们不妨设想一下：在没有任何其他驱动力的情况下，料液一定会从浓度较高的一侧流向浓度较低的一侧，可见料液的流向会受到膜两侧浓度差的影响。这种由于界面区域浓度升高而造成局部渗透压增加、溶剂透过通量下降的现象，叫作浓差极化。浓差极化不仅会降低分离效率，也是缩短膜寿命的另一个原因。所以，如何通过改善膜污染和浓差极化来延长膜寿命、提高分离效率是众多膜过程面临的共性问题。

看似简单的一层膜，其实也有不少门道。我们可以将膜分离过程与其他过程相结合，形成膜反应、膜萃取、膜蒸馏等新的膜过程，打出一套又一套"组合拳"。这些"组合拳"的目的是强化分离效果，以达到更高的废水排放标准。

生物反应+膜分离

能不能将膜分离技术和废水处理领域中的生物处理技术结合起来呢?

目前，废水处理最常用的方法就是生物处理方法，其中，最简单、最常规的是活性污泥法。这种方法将废水与多种微生物混合搅拌，通过凝聚、吸附、氧化、分解和沉淀等作用，去除废水中的污染物。

你可以把整个流程看作废水依次通过两个池子。前一个是反应池，废水和多种微生物群体在这里进行混合培养，形成活性污泥，再利用活性污泥的生物凝聚、吸附和氧化作用，分解废水中的污染物。后一个叫二沉池，是发生分离过程的主体，主要依靠沉降作用将污泥与水分离开来。其中，第一个池子又可以拆分成好几个区域，相当于被分隔成一个个串联的小池子，每个小池子有特定的目标，里面培养一些为了实现这一目标而"量身定做"的菌群，并为它们提供恰当的环境条件。比如，我们可以将生物反应过程划分成厌氧、缺氧、好氧三个阶段：在厌氧区，聚磷菌释放磷，使废水中的磷元素浓度升高；在缺氧区，反硝化细菌将硝酸盐中的氮转化成氮气，从而达到脱氮的目的；在好氧区，硝化细菌将氨氮转化成硝酸盐，同时，聚磷菌超量吸收磷，并通过剩余污泥的排放将磷除去。这种工艺叫作厌氧/缺氧/好氧工艺（Anaerobic/Anoxic/Oxic工艺，简称A/A/O工艺）。厌氧、缺氧、好氧三种不同的环境条件和微生物菌群的有机配合，能达到同时去除有机物、脱氮除磷的目的。

我们还可以根据A/A/O工艺开发出其他“变形”工艺。比如，把缺氧区提前，让厌氧区和好氧区相连，形成倒置A/A/O工艺，使聚磷菌在厌氧释磷后保持较高的吸磷动力；又如，将前段缺氧区和后段好氧区串联在一起，形成多级串联A/O工艺，进一步降低膜分离负荷。事实上，A/A/O工艺及其变形是城市污水处理领域最主流的工艺，是最标准的同步脱氮除磷工艺。

这些“花样”都是针对生物反应过程“玩”出来的，那么，以发生分离过程为主的二沉池，能不能翻出什么“花样”来增强分离效率呢？

膜生物反应器（Membrane Bio-Reactor，简称MBR）就是实现了这一设想的装置，它用膜组件代替了二沉池，从而用效率更高的膜分离代替沉降作用来完成分离过程，这样做的好处是提高了系统固液分离的能力，使出水水质和容积负荷都能得到大幅改善。另外，与传统的生物处理系统相比，MBR也具有占地面积小、操作方便、易于再次进行工艺改造的优点。

攻克废水处理的“老大难”问题

废水处理领域有三个“老大难”问题：一是城镇污水厂排放标准逐渐提高，二是垃圾焚烧厂渗沥液难以处理，三是特殊行业废水资源化应用标准要求严格。这三种废水的处理既存在诸如膜寿命不够长、膜分离效率有待提高等共性问题，也存在一些特性问题。同济大学环境科学与工程学院夏四清教授领衔的研究团队将这些难点逐一攻克，他们完成的“基于膜分离的废水深度处理和资源化关键技术与工程应用”项目也因此获得了2017年度上海市科技进步奖一等奖。

对于城镇污水深度达标处理的问题，夏四清团队首次采用微阵列技术强化MBR的生物降解，并确立了优势菌群培养的操作条件。团队揭示了减缓MBR膜污染的途径，从而有效控制了膜污染，使膜的使用寿命由传统工艺的3~5年延长到6年以上。他们还从改善微生物功能入手，优化了倒置A/A/O+MBR工艺；发明了侧向配水MBR、多级多点回流反硝化MBR技术，从而降低了能耗。

垃圾渗沥滤液存在有机物浓度极高且难以生化降解、厌氧发酵最佳温度难以维持、氨氮浓度过高等特性问题。夏四清团队创新性地采用发电余热控制温度，并串联多级A/O强化生物处理技术，进一步降低了膜分离负荷，实现了垃圾渗沥液达标排放，膜的使用寿命也提高了1倍。

化工、电子等行业废水的深度资源化问题更为特殊，为此，夏四清团队研发了特殊行业废水深度处理回用的耦合技术。他们开发了高氟低氮集成电路废水特殊氧化处理技术，并采用特制载体富集微生物提高煤化工废水处理效果，减轻后续膜污染，从而实现生物处理与膜分离的深度耦合。

（本文作者顾淼飞为《科学画报》记者、编辑。）

智能输电线路

姚晨辉

架空输电线路能将发电厂发出的电能输送到远方的用户那里。但是，不要把输电线路简单地看作是电线和线杆的组合，那是老皇历了。今天的架空输电线路早已与时俱进，蜕变为智能线路，是智能电网家族的重要成员。

架空输电线路

虽然名字叫线路，架空输电线路可不只有导线，还有线路杆塔、绝缘子、线路金具、拉线、杆塔基础、接地装置等设施。在由变电、输电和配电三个单元组成的电力网中，输电线路隶属输电单元，它还有一个“兄弟”叫地下线路。地下线路采用电缆，多用于架空线路架设困难的地区（如城市或特殊跨越地段）的输电、通信。与地下线路相比，架空输电线路的建设成本低、施工周期短，易于检修维护，是电力工业发展以来所采用的主要输电方式。因此，人们通常称架空输电线路为输电线路。

19世纪80年代，人类首先成功地实现了直流输电。但由于当时直流输电的电压较低，线路输电能力较差。19世纪末，交流电开始在输电线路中流淌，从而迎来了20世纪电气化社会的新时代。20世纪60年代以来，直流输电又有新发展，它与交流输电相配合，组成了交直流混合的电力系统。

输电时，首先要用变压器将发电机发出的电能升压，然后再经断路器等控制设备将电能接入输电线路，送往远方。随着输电技术的发展，输电线路所承受的电压越来越高，一般来说，输送电能的容量越大，线路采用的电压就越高。采用高压输电，可有效地减少线路损耗，降低单位造价，并减少土地占用量。

输电电压一般分高压、超高压和特高压，特高压电网指1 000千伏及以上交流电网或±800千伏以上的直流电网。目前，中国的特高压电网建设在国际上处于领先地位。

智能电网的兴起

2003年8月14日，美国俄亥俄州北部的一条输电线路因为电流过载，温度急剧升高而被烧断。进而发生连锁反应，导致多条输电线路相继发生故障而罢工，造成了美国东北部部分地区以及加拿大东部地区出现大范围停电。这次著名的美加大停电给被波及地区人们的工作和生活带来严重影响，造成了巨大财产损失。自那以后，美国开始利用信息技术对陈旧老化的电力设施进行彻底改造，开展智能电网研究。

同时，欧洲由于大力开发可再生能源、清洁能源，特别是风能、水电、太阳能和生物质能，也开始研发适应分布式电源发展的智能电网。

随着社会的快速发展和科技的不断进步，电力资源在社会发展进程中扮演的角色愈发重要。如何确保电力资源稳定、高效地输送成为影响国家发展的重要环节。在信息时代的大背景下，被称作“电网2.0”的智能电网应运而生。从2007年开始，我国开始进行智能电网的研究和建设。

智能电网以物理电网为基础（我国的智能电网是以特高压电网为骨干网架、各电压等级电网协调发展的坚强电网为基础），将现代先进的传感测量技术、通信技术、信息技术、计算机技术和控制技术与物理电网高度集成而形成的新型电网。

智能电网是可以实现完全自动化运行的现代输配电网络，它主要由智能控制中心、智能变电站、智能线路、智能设备、智能保护系统和智能需求侧管理系统构成。能实现发电、输电、变电、配电、供电等关键设备的实时监测控制。智能电网具有安全可靠、兼容性强、经济高效、自治自愈的特点，可以灵活应对袭击和自然灾害，兼容多种发电和储能方式，支持大规模分布式电源即插即用等。

输电线路容易受外界环境影响而发生故障

输电线路的智能进化

输电线路是电网的核心基础环节，在电网中的分布最广。但是，由于输电线路直接暴露在大气环境中，会受到气温变化、强风暴、冰雪、雷电、雨雾以及洪水等的影响，导致绝缘强度降低，严重时会造成停电事故。

因此，输电线路是智能电网中非常脆弱的一环，它发生的故障约占电力设备总故障数的95%。如何实现输电线路的智能化，就成为智能电网发展的一个技术瓶颈。

为此，上海交通大学的刘亚东团队实施了“架空输电线路智能化关键技术及装置”项目。在该项目中，他们从两个方面入手来提升输电线路的智能化水平：一是在输电线路发生故障后快速定位；二是动态提升输电线路的输送能力，满足用电高峰需求。

(1) 他们首创了分布式故障定位方法，将以前安装在变电站的故障检测装置转移到输电线路上，就近提取故障电流行波，并通过多个检测点协同分析，大幅降低了定位误差，解决了在输电线路发生故障时“测不到、测不准”的难题。

在现场应用中，分布式故障定位方法将误差定位在小于300米的概率达到了94.7%。相比之下，利用变电站检测装置的传统方法，对误差的定位在1千米以上的概率高达64.3%。

(2) 随着现代工业的飞速发展以及人民生活水平的提高，各种家用电器、电动汽车日益增多，用电量激增。但建设新的电网并非易事，所以可行的策略就是有效利用已建成的线路，提升输电线路的输送能力。

刘亚东团队瞄准了反映线路输送电能的一个重要参数——温度，因为温度越高，代表流经输电线路的电流越大，即输送的电能越多。但输电线路所能承受的温度也有一个限值，超出这一限值时，输电线路就会像人发高烧一样，很容易发生故障。

该团队为输电线路建立了热力学模型，发明了基于张力和温度稳态参量的热稳定容量评估模型，使容量评估更为准确，解决了单点温度测量值无法代表整条线路温度的难题。他们还建立了增容运行、*N*-1故障等不同工况下的运行准则。现场试验表明，该方法可将输电线路的输送容量提高35%。

该项目成功研制了针对输电线路的分布式故障定位装置、动态增容装置、综合监测装置、故障录波装置和状态评估与故障分析系统，大大提升了输电线路的智能化水平，从而荣获2017年度上海市技术发明奖一等奖。

我国的特高压电网

2010年7月，我国自主研发、设计和建设的向家坝—上海±800千伏特高压直流输电示范工程正式投运。它是世界上当时电压等级最高、输送容量最大、送电距离最长的直流输电工程。

2011年12月，世界首条商业运营的特高压交流输电工程（1000千伏晋东南—南阳—荆门特高压交流试验示范工程）在中国正式投产。

2016年1月开工建设、2019年9月正式投运的“昌吉—古泉±1100千伏特高压直流输电工程”，额定电压为±1 100千伏，额定电流为5 455安，额定功率为12 000兆瓦，输电线路全长为3 293千米，它是目前世界上电压等级最高、输电距离最远、输送容量最大、技术水平最先进的直流输电工程。

（本文作者姚晨辉为《科学画报》记者、编辑。）

第二代高温超导带材

蔡传兵 刘志勇

超导材料具有零电阻、完全抗磁性和约瑟夫森效应等诸多奇特性质，在电力、医疗、交通、国防和大科学装备中具有广泛应用前景。基于液氦的低温超导材料推动了医用核磁共振成像、高能物理加速器和受控核聚变等技术的发展。我国《国家中长期科学和技术发展规划纲要》《中国制造2025》均把高温超导技术确立为新材料前沿技术之一，高温超导材料是超导应用中解决液氦资源缺乏、避免国外卡脖子的必然选择。

高温超导材料

在全世界超导研究热潮中，一系列超导转变温度高于液氮温度的超导体被发现，包括BiSrCaCuO（根据超导相不同分别简写为Bi2223、Bi2212）、REBaCuO（简写为RE123，RE为Y、Gd等稀土元素）、TlBaCaCuO（简写为Tl2223）和HgBaCaCuO（简写为Hg1223）等一系列氧化物高温超导材料。

由于各自不同的本征特性、合成技术及其环境污染等因素，各类高温超导材料的实用化水平相差很大。如Tl和Hg系高温超导材料具有高毒性和易挥发性，失去了作为一种实用超导材料的广泛性和普适性，仅适于基础研究。相比之下，Y系、Bi系高温超导材料比较实用，形成了RE123、Bi2212和Bi2223三大实用化高温超导材料体系。近年来，铁基超导基础研究获得快速发展的同时，其实用化也提上了议事日程。

晶界弱连接和高运行温度下的磁通运动是高温超导体，特别是铜基氧化物超导体实用化过程中面临的两大关键问题。20世纪90年代，基于粉末套装和拉丝法工艺实现了基于Bi2223的第一代高温超导带材产业化，其特点是结构和超导电性具有强烈的各向异性，利用机械变形和热处理能够获得较好的织构。然而液氮温度下它的不可逆磁场强度极低，随磁场强度的增加其临界电流密度会迅速降低。又因其必须使用金属银，导致材料成本高，性价比难以提升。Bi2212在液氦温度和强磁场下的性能比低温超导体和Bi2223更好，特别是其可经过拉拔加工成各向同性的圆线，更容易进行器件加工、实现多芯化和绞缆等。但Bi2212也存在着液氮温区临界电流密度较低，前驱粉体及热处理工艺要求高，贵金属银包套等引起的杂质相、空洞、弱连接和性价比低等难题。

采用薄膜外延生长制备的双轴织构RE123涂层导体克服了晶界弱连接问题，其本征特性和制备工艺决定了RE123面内面外织构程度高，晶界弱连接小，而由其岛状生长机制提供的大量位错缺陷形成的高密度有效磁通钉扎中心，具有明显优势。更为可贵的是，其基带可选择价格低廉的镍基合金或常规的不锈钢带，材料成本具有很大的下降空间。因此，基于RE123的第二代高温超导带材成为实用高温超导材料的研究热点和应用期盼。

第二代高温超导带材技术路线

我国高温超导基础研究成绩斐然，但长期以来未能实现高温超导的产业化及大规模应用。主要原因包括：RE123材料具有强各向异性，载流能力强烈依赖晶界夹角，必须实现原子级晶粒的双轴织构排列才能获得高性能带材；RE123属于陶瓷材料，机械加工难度大，需要结合柔性基带，制备工艺复杂，成膜效率低，带材长度方向的连续性、稳定性问题难以解决；批量化、连续化制备的专门装备系统缺乏，成本居高不下，影响下游产品的开发。

上海大学蔡传兵教授领衔的“第二代高温超导带材关键制备技术”项目组，针对RE123材料实用化瓶颈问题，攻克双轴织构生长和连续化制备

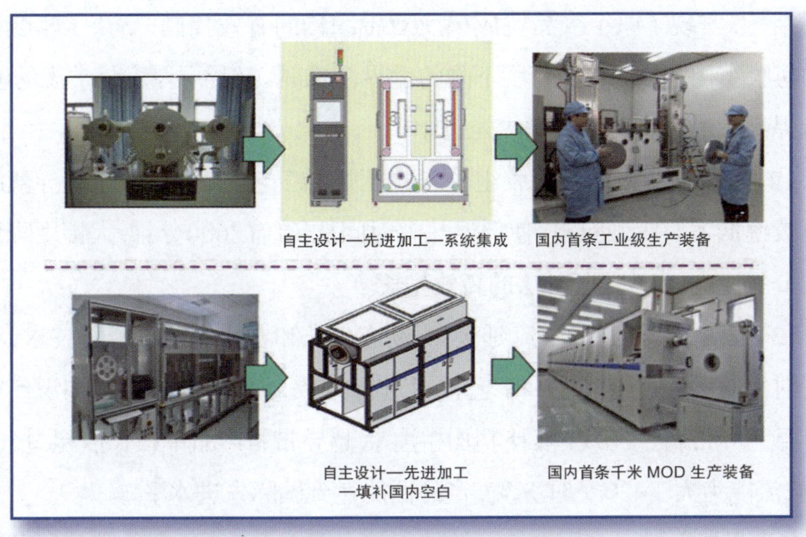

研究级到工业级装备的设计与集成

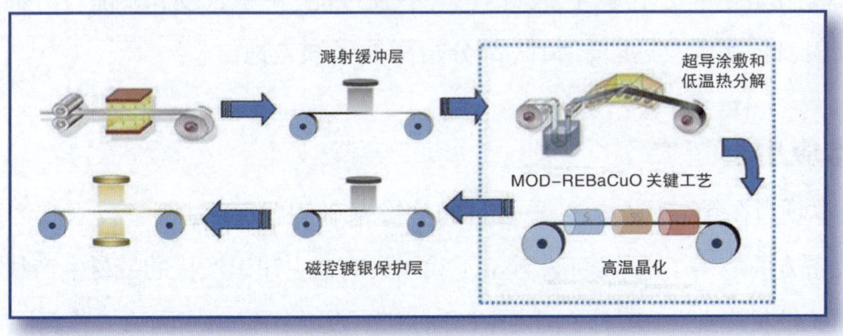

具有自主知识产权的高温超导带材技术路线

关键技术难题，实现了具有自主知识产权的高温超导带材技术路线。项目采用非真空化学法技术路线，具有组分易控制、溶液100%利用，适于大面积、宽带化和批量化制备等优点，是高温超导带材低成本产业化的理想路径。

项目组针对RE123材料实用化瓶颈问题，系统研究超导薄膜的外延生长和织构机理，攻克连续化制备和高效成材的关键技术难题，实现超导带材产业化制备，主要技术发明点如下所述。

(1) 提出了RE123薄膜外延生长新机理，发明了超导薄膜复合组分和多层结构，实现了原子级晶粒成核及双轴织构的有效控制；解决了厚度诱导的薄膜织构和临界电流密度下降的世界性难题。超导层厚度从常规的0.4微米提高到2.0微米，达到世界先进水平。

（2）发明了新型低氟溶胶组分和减压烧结工艺，突破化学法超导薄膜制备效率低下的瓶颈问题。使低温热解时间从传统的600分钟，大幅度降低到30分钟以内，实现了超导层的高效生长。

（3）发明了全密封薄膜流延涂敷、动态生长和在线监测成套新技术，将自主创新的系列关键装备和工艺技术进行集成，创建了具有自主知识产权的高温超导带材生产线，填补了国内空白。超导带材产品单根长度超过500米，载流能力大于420安/厘米宽，产品性能达到国际先进水平。

本项目核心技术与国内外同类技术的主要参数对比，在化学法制备第二代高温超导带材领域，在成材效率、载流性能、单根长度和产能等方面，达到美、日、德等发达国家水平，部分指标处于领先地位。

技术应用

本项目在第二代高温超导带材的关键基础问题、关键制备技术和产业化装备方面取得了重要突破，建立了我国具有自主知识产权的带材生产线，实现了带材产业化，填补了国内空白；打破了发达国家对中国第二代高温超导带材市场的垄断，对我国超导电力、大科学装置等许多领域具有深远意义。

上海大学通过专利技术转让成立了上海上创超导科技有限公司。该公司专门从事高温超导带材的产业化制备，在我国率先研制出千米级第二代高温超导带材，实现了年产能300千米，成为全球能批量供应400米以上无接头高温超导长带的两家企业之一，为美国超导公司对标的竞争对手。

公司产品供应众多研发单位或企业，保障了高温超导电缆、超导变压器、超导电动机和超导强磁体等新产品开发。特别是国家电网首个千米级高温超导电缆示范工程，使用超导带材240千米（4毫米宽），在节约电路损耗的同时，将上海徐家汇地区的两个变电站电压等级从22万伏降低到3.5万伏，节约了用地空间。

（本文作者蔡传兵为上海大学教授、博士生导师，上海市高温超导重点实验室主任。）

光子晶体：用控制电子的方法控制光

姚晨辉

光子晶体又被称为光子带隙材料，是一类新型人工微结构材料，其特征是具有光子带隙，从而能像半导体调控电子一样调控光子，成为“光半导体”，实现传统半导体材料无法实现的功能。

集成电路的后摩尔时代

集成电路是信息化时代的重要基石，从手机、计算机、电视，到汽车、高铁、航空器，集成电路已经变得无处不在。

1965年，英特尔公司创始人之一戈登·摩尔提出了一个著名的经验法则——摩尔定律。其内容为：每隔18~24个月，集成电路上可容纳的元器件的数目便会增加一倍，集成电路的性能也将提升一倍。

自摩尔定律提出以来，它已经在半导体行业应验了几十年。20世纪60年代第一批集成电路上仅有10多个晶体管，目前超大规模集成电路上动辄包含上百亿个晶体管。随着芯片制程发展到纳米级，集成电路晶体管的密度越来越接近物理极限，单纯依靠提高制程来提升集成电路性能变得越来越难，并且制造成本也在呈指数级攀升。

以纳米为长度单位的晶体管之间由于距离太短、绝缘层太薄，很容易发生漏电的情况。同时，晶体管的尺寸达到10纳米以下时，其中的电子会产生“量子隧穿效应”，导致电子不按设计的道路移动，运算准确性将受到严重影响。

业界普遍认为，集成电路目前已进入“后摩尔时代”，集成电路的创新也迫在眉睫，其中一个思路就是寻找芯片半导体材料的替代品，光子晶体也因此开始进入人们的视野。

光子晶体

相比电子，光子具有高速、宽带、空间相容性好等优点，但是光子不容易实现精确调控。为了破解光子精确调控难题，同济大学物理科学与工程学院陈鸿教授围绕两个核心科学问题，历经二十余年系统深入的研究，取得了一系列原创性成果，为光子晶体应用提供了科学基础。

1. 光子带隙诱导的多能级原子量子奇异干涉现象研究

（1）首次导出原子–光子束缚态。人们知道带隙会抑制原子自发辐射，但对其中的微观过程并不清楚。陈鸿团队发现，自发辐射的抑制微观过程是由光子的辐射–再吸收构成，从而形成原子–光子束缚态。陈鸿团队从理论上导出了束缚态的解析表达式，给出了带隙抑制自发辐射的微观图像。

（2）首次提出原子辐射弥散场新概念。但实验分析发现，光子晶体中除了减慢自发辐射的成分，还有奇怪的加速成分。陈鸿团队发现，光子晶体中不仅存在传播光子，还存在束缚光子。团队从理论上研究了这两类光子之间的耦合作用，发现传播光子会诱导束缚光子产生“超辐射”效应，从而形成原子辐射弥散场。

（3）首次提出间接量子干涉效应新概念。

（4）首次观察到基于宇称–时间（PT）对称的完美吸收现象。陈鸿团队与英国伯明翰大学的学者合作，首次在无增益结构中建立有效的PT对称光学系统，并观察到完美相干吸收现象。

2. 光子晶体带隙调控新机理研究

带隙是光子晶体调控光子传播的核心。陈鸿团队围绕负折射率材料、电（磁）单负材料等超构材料构成的复合光子晶体，对光子晶体的带隙调控新机理和新现象展开系统研究，获得的重要成果有：

(1)首次实现带边对入射角度和偏振不敏感的全向能隙。

(2)提出了零有效相位能隙。

光子晶体的潜在应用

辛勤耕耘，终有收获。陈鸿教授领衔的“光子晶体的带隙调控与量子干涉现象研究”项目荣获了2017年上海市自然科学奖一等奖，项目成果在该领域处于国际领先地位，得到国际同行的广泛引用。项目发现的新效应、新机理，对相关新材料和新器件的制造和应用有重要指导意义。

由于光子晶体具有诸多优良的特性，它们在核医学成像、航空器制造、高能物理实验、核武器研究等国防和民用领域获得了重要的应用。在民用领域，陈鸿团队成功发展出一套具有独立知识产权的无线电能传输(WPT)技术。

WPT是将电能转换为其他形式的中继能量(如电磁场能、微波、激光及机械波等)进行无线传输，再转换为电能的输电技术。我们平时常用的手机无线充电器就是利用了这种技术。

WPT技术免除了频繁拔插电源电线的麻烦，给生活带来了很多便利。同时，它也可解决矿井、孤岛等存在安全隐患或难以架设电线等地方的充电难题。

陈鸿团队通过将量子调控的基本手段如“本征能量”与“本征波函数”调控等创新性地引入到WPT系统，并结合非厄米量子光学的新原理如光子晶体带隙拓扑结构等，开发了一种工作性能优越的WPT系统。该技术突破了现有WPT技术瓶颈，可高效地为机器人、无人机、自行车等设备充电。

延伸阅读

带隙和带隙调控

随着集成电路晶体管的尺寸越来越小，要想进一步提升半导体材料的性能，必须应用量子力学的方法，从微观角度进行调控。因此，我们需要先弄清楚几个概念。

能带：能带理论是用量子力学方法研究固体内部电子运动的理论。在物理学中经常用一条条的水平横线表示电子的各个能量值，一定能量范围内的许多能级（彼此相隔很近）形成一条带，被称为能带。

带隙：相邻两个能带间的能量范围被称为带隙，或能隙、禁带。

满带：完全被电子占据的能带被称为满带。满带中的电子不会导电。

空带：未被任何电子占据的能带被称为空带。

导带：被电子部分占据的能带被称为导带。导带中的电子能够导电。

价带：价电子所占据的能带被称为价带。价电子指原子核外电子中能与其他原子相互作用形成化学键的电子。价带可以是满带，也可以是导带。

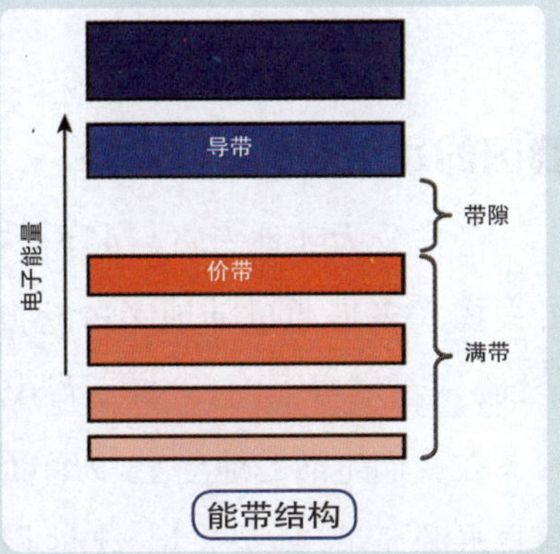

能带结构

能带结构可以解释导体、半导体、绝缘体的区别。在金属等导体中，导带与价带之间的带隙非常小，电子很容易获得能量而跳跃至导带而导电；绝缘材料的带隙很大，电子很难跳跃至导带，所以无法导电；半导体材料的带隙介于导体和绝缘体之间，只要给予适当条件的能量激发，或是改变其带隙的大小（带隙调控），就能导电。

因此，带隙是半导体电子器件中最重要的基本参数之一，精确调控半导体中的电子带隙是提高半导体性能的重要方法。

（本文作者姚晨辉为《科学画报》记者、编辑。）

探寻水下宝藏的考古机器人

程元武 姚晨辉

这两年，一款名为考古盲盒的文创产品风靡网络。这款由河南博物院推出的盲盒中有一个土疙瘩，里面随机包裹着青铜器、铜镜、箭镞、钱币、陶器和瓷器等“奇珍异宝”，可以用附赠的“考古神器”洛阳铲将土挖开，让“宝物”重见天日。开盒一把铲，“宝物”自己挖。别出心裁的设计让这款产品一经推出，分分钟就被抢购一空。

我国作为四大文明古国之一，拥有上百万年的人类史、一万年的文化史、五千多年的文明史，中华文明是世界上唯一自古延续至今、从未中断的文明。考古能让我们更好认识源远流长、博大精深的中华文明，提高文化自信。

我国的水下考古

考古分为陆地考古与水下考古两种，现在我们耳熟能详的那些著名考古文物大多是通过陆地考古挖掘出来的，如秦始皇兵马俑、商周太阳神鸟金饰、三星堆青铜面具、商后母戊鼎、汉代金缕玉衣、战国曾侯乙编钟等。

在我们生活的地球上，海洋面积约占地球总面积的71%。大江大河流域灌溉水源充足，地势平坦，土地相对肥沃，气候温和，适于人类生存，利于农作物生长，能够满足人们生存的基本需要。因而，大江大河、海洋的旁边诞生了很多古代文明，如发源于尼罗河流域的古埃及文明、发源于底格里斯河与幼发拉底河流域的美索不达米亚文明和发源于中国黄河流域的华夏文明等。

也正因如此，江河湖海下面存在着大量因地震、火山喷发、海啸等灾变造就的古代遗迹；一些古代航线下，保存有大量古代沉船和文物。这些都要依靠水下考古进行发掘。

水下考古学是考古学的一门分支学科，是陆地田野考古向水域的延伸。它以人类水下文化遗产为研究对象，对淹没于江河湖海下面的古代遗迹和遗物进行调查、勘测和发掘。

我国的水下考古工作始于20世纪80年代，自那以后，我国的水下考古工作者对南海Ⅰ号、南澳Ⅰ号等沉船遗址以及千岛湖古城遗址，定远舰、致远舰等沉舰遗迹，进行了水下考古发掘工作，打捞提取出大量水下文物，使那些湮没在水下的历史再一次进入人们的视野。

水下考古机器人

与陆地考古相比，水下考古的危险性更高。因为水下文物基本上都处于深水区域，那里水流速度大、水压高、能见度低。这对从事水下考古的队员也提出了更高的要求，除了要求他们具备考古专业知识外，还需要掌握潜水技能和潜水医学知识等。因此，在水下考古时，考古人员一方面要对抗巨大的水压，防备变化莫测的暗流，同时还要对“娇贵”的文物进行小心翼翼地挖掘，其难度和危险性都远远超过了陆地考古。

鉴于水下考古的特殊性，除了考古人员亲自潜入水下之外，必须依靠现代科技设备。水下考古所用的物探设备主要包括多波束水下声呐、浅地层剖面仪、旁侧声呐、短基线系统、水下机器人等。这些设备能够对海底结构进行探测，对海底地形进行三维成像，辅助考古人员进行海底挖掘等。

其中，水下机器人负责深潜作业、水下观测和资料传输等任务，在水下考古中发挥着越来越重要的作用。它们不仅可以下潜到潜水员难以企及的深度，还可以在潜水员难以进入的狭小空间中工作。在陆地工作人员的操纵下，水下机器人能够完成垂直下潜、平移和转弯等高难度动作。配备了水下摄像机和照明灯的水下机器人，能够提供水下的清晰图像和深度等信息，便于考古人员进行针对性的挖掘。

机器人水下考古装备关键技术

为了破解传统水下考古技术设备的局限与瓶颈，提高机器人在浅滩、暗礁、浑水、急流等复杂水域环境中的水下考古作业能力，上海大学彭艳教授团队联合上海文物保护研究中心和宁波市文物考古研究所，整合了水下机器人系统、海洋智能无人系统、机械、自动化、电子工程等多支技术团队，协同创新、攻坚克难，率先在以下水下考古机器人关键技术领域取得了突破。

（1） 水面/水底淤泥面两栖作业考古机器人及多模态运动控制生成技术。研究团队针对多构型多模态两栖机器人的6种运动步态，提出了在步态间进行平滑转换的方法，实现了两栖机器人在多介质环境下的多运动步态的统一生成控制，有效解决了水下考古扫测避障的问题。

（2）面向水下考古的机器人协同控制和探测技术。研究团队发明了基

小白礁Ⅰ号沉船水下考古

小白礁Ⅰ号沉船是一艘满载着瓷器和梅园石的木质商贸运输船，清代道光年间下沉于浙江省舟山市象山县小白礁海域，埋藏于约24米的海底。

我国于2008年10月开启了对小白礁Ⅰ号沉船的挖掘工作，共出水船载文物1 060余件，包括青花瓷和五彩瓷器具、铜钱、紫砂壶、玉石印章和300块宁波特产梅园石。

小白礁Ⅰ号沉船水下考古项目，因其先进的理念、科学的方法、超前的保护意识和多重的安全保障等为业界所称道，为研究清代中外贸易史、海外交通史、中国古代造船史和宁波海上丝绸之路提供了重要的实物资料，荣获了我国考古学界最高质量奖项——田野考古奖。

于分布估计算法的控制方法，实现了多种机器人的稳定协同运动；采用高精度同步定位与地图构建技术，将实物构建精度提高了3倍多，提高了水下文物成像的准确度和清晰度。

（3）主动轮廓和粒子滤波的复杂水域水下文物目标跟踪探测技术。研究团队发明了基于轮廓的目标跟踪算法，提高轮廓跟踪的效率；通过粒子滤波对目标位置和大小进行跟踪，解决了跟踪过程中的非线性、非高斯问题，有效改善了复杂水域水下文物识别难的困境。

研究团队的"机器人水下考古装备关键技术与应用"项目成果在测试应用阶段，就极大助力了上海长江口I号、长江口II号沉船的调查发现，还为宁波小白礁I号沉船发掘项目荣获 "田野考古奖"、上林湖后司岙唐五代秘色瓷窑址考古荣获"全国十大考古新发现"提供了有力的技术支持。该项目也因此荣获了2017年上海市技术发明奖二等奖。

（本文作者姚晨辉为《科学画报》记者、编辑。）

拍摄"分子电影"——全相干自由电子激光

姚晨辉 徐 梅

如果从高空俯瞰上海张江科学城，你能看到一只美丽的"鹦鹉螺"，那是上海光源。在"鹦鹉螺"旁边，还有一柄锐利的"光剑"，那就是被称为新一代光源的X射线自由电子激光装置。光源是推动人类文明发展的利器，光源的每一次进步都极大地增强了人们认识和改变未知世界的能力，并有力地推动了科学和技术的发展。

探究世界的光

万物生长靠太阳，地球上的大部分生物都需要阳光才能生存。同时，光也是我们认识世界的一个重要工具。通过光与物质的相互作用，我们就可以观测物体。

对于探索微观世界而言，光源的质量至关重要。光源的质量与很多因素有关。你或许听过一个故事：一个人晚上在花园里丢了东西，他却跑到房间里去找。别人问他为什么，他理直气壮地说，因为房间里的灯更亮。这个笑话从一个侧面说明了光源的亮度对人类观察活动的重要性。此外，光源的相干性（指为了产生显著的干涉现象，波所需具备的性质）等也影响了光源的质量。

X射线更是探测微观世界的理想工具，常规的X射线光源的亮度和相干性十分有限，这极大地限制了其在科学研究上实现更广泛的应用。转机在20世纪40年代出现了。

当时，美国通用电气实验室的科学家用电子同步加速器进行实验。他们把电子加速到接近光速，再通过强大的磁场来控制其方向，使之沿着环形真空轨道“跑圈”。他们发现，电子在“跑圈”通过弯道时，会沿切线方向释放电磁波。这就像下雨时如果你快速转动雨伞，雨珠就会沿着雨伞边沿的切线方向甩出一样。因为这种电磁辐射是在同步加速器上观察到的，因此被称作同步辐射。

最初，同步辐射并不受科学家欢迎，被看作一种需要消除的副作用。随后，他们逐渐意识到，同步辐射光有很多其他光无法企及的优点，能够“照亮”普通技术无法洞察的微观世界。

几十年来，同步辐射光源已经历了三代的发展。外形酷似鹦鹉螺的上海光源，就是全球最先进的第三代同步辐射光源之一。第三代同步辐射光源是物理、化学、材料、医学、生命科学等众多科学领域中基础研究和应用研究的一种不可或缺的先进研究手段。然而，受原理限制，它也存在一些缺点。

更亮、更快、更相干的光

为此，科学家开始发展新一代相干光源——X射线自由电子激光

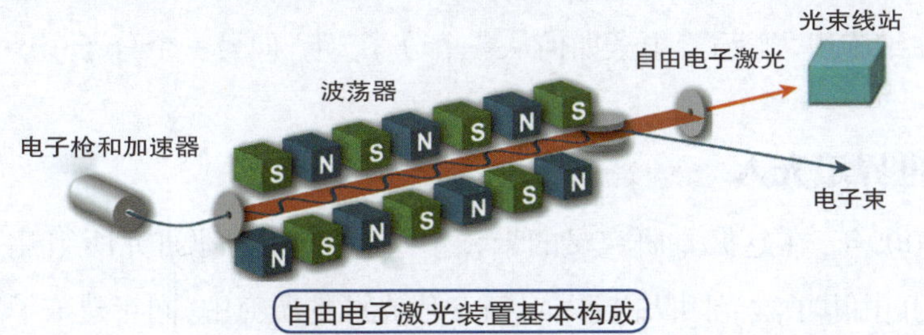

自由电子激光装置基本构成

上海深紫外自由电子激光装置

（FEL）。自由电子激光是高能电子在磁场作用下发生扭摆的时候，在前进方向上发出的激光。你可以想象一条蛇扭着身子往前爬行，只不过这条“蛇”的速度接近光速，运动路径呈正弦状。自由电子激光装置通常由加速器、波荡器和光束线站系统三部分组成。

与目前的同步辐射光源相比，X射线自由电子激光具备超高亮度、飞秒级（1飞秒等于10^{-15}秒）超短脉冲和相干性的特质，即更亮、更快、更相干。那么，它能给科学研究带来哪些改变呢？

如果说第三代同步辐射光源是为分子“拍照”的话，那么X射线自由电子激光就是为分子“拍电影”。也就是说，第三代光源只能让人看到微观世界物质的结构，而新一代光源则能记录下微观世界物质的动态过程。

与人类生活息息相关的很多物理和化学过程，本质上都是原子和分子过程。以往，科学家只能通过静态的图像推测原子和分子的运动；有了这样的超级高速摄影机，科学家就能够观测到更加精细的动态变化，看到分子如何在细胞里“舞蹈”，电子如何从一个分子“跑”向另一个分子……

微观世界追光人

2009年，在赵振堂研究员的带领下，上海应用物理研究所组建了不到30人的自由电子激光团队，投入对新一代光源的研究中。同年建成了高增益自由电子激光综合研究平台——上海深紫外自由电子激光装置（简称深紫外装置）。

加速器学科是对装置依赖性非常高的一个研究领域，为了与国外掌握更先进设备的同行进行竞争，研究团队充分利用当前的装置条件，另辟蹊径，选择了几个开拓性的方向作为突破口。

经过艰难地攻关，研究团队发展了一种1 000电子伏分辨率的束流诊断方法，在此基础上首次实现了回声谐波自由电子激光的放大出光。这是世界上对该理论的首次实验验证，由于这项工作的原创性和重要性，实验结果以封面文章形式发表在国际光学顶级期刊《自然·光子学》上，同期刊登了对赵振堂研究员的专访，研究成果在国际上产生了深远影响。

但是，一束激光的倍频次数是有限制的，往往难以通过这种方式将激光推进到所需的短波波段。为了解决这个难题，研究团队再接再厉，设计了自由电子激光级联实验方案。随后，研究团队在深紫外装置上成功实现了世界首个种子型自由电子激光两级级联辐射，实验结果与理论预期相符，验证了束团刷新以及种子型自由电子激光级联理论。

（自左至右：邓海啸 冯超 赵振堂 刘波 王东）

项目主要完成人在工作中

除此之外，研究团队提出了相位汇聚原理，为相对论束流精确操控提供了一种全新的思路。由于这项原创贡献，研究团队中的邓海啸研究员2015年被授予自由电子激光青年科学家奖，该奖是国际自由电子激光领域授予青年人的最高奖项，邓海啸是获此殊荣的首位国内青年学者。

天道酬勤，上海应用物理研究所自由电子激光研究团队的努力也结出了累累硕果，“全相干自由电子激光的前沿实验研究与新原理探索”项目荣获2018年上海市自然科学奖一等奖，赵振堂研究员于2019年当选为中国工程院院士。

该项目成果被采纳为国家重大科技基础设施——软X射线自由电子激光装置（投资约10亿）和硬X射线自由电子激光装置（投资约100亿）的基准方案。

X射线自由电子激光装置外形狭长，似一柄光剑。它们通常与第三代同步辐射光源放置于同一园区，从而构成光子科学研究中心。在上海张江也是如此。“鹦鹉螺”+“光剑”，强强联手，发出的光照亮微观世界，也照亮人类探索物质奥秘的科学之路。

（本文作者姚晨辉、徐梅为《科学画报》记者、编辑。）

“超级电池”是怎样炼成的

杨俊和　郑时有

从最早的干电池，到逐渐兴起的锂离子电池、超级电容器、其他新型储能器件，电化学储能器件一路发展，更新换代，而其中的关键材料一直是碳材料。

过去，电池的电极材料使用的是普通石墨。如今，人们对以电池和超级电容器为代表的电化学储能器件的性能提出了更高的要求：为实现快速充电，需提高其功率密度；为增强续航能力，需提高其能量密度；为延长使用寿命，需提高其循环性能；为提升便携性，需要具有轻、薄、可弯折等特性……这些需求目标正在“呼唤”新型碳材料加入储能器件材料的行列。

富碳材料：好在哪里，难在哪里

富碳材料是以碳材料为主同时加入其他元素的材料，作为主体的碳材料包括石墨烯、碳纳米管、碳纤维、微介孔碳，以及以碳元素为主体的纳米金属有机框架结构化合物等。富碳材料的结构多样，可调控性强，表面状态丰富，化学稳定性好，并且具有优异的电输运特性和高活性表面特性。对于一些电化学储能器件存在的能量不够高、安全性不够好、成本不够低廉等关键问题，富碳材料都有潜力去解决。

具备潜力还不够，能否真正拥有优异的电化学性能，取决于能否通过精准调控让富碳材料具有“称心如意”的结构。研究的难点也就在这里——由于富碳材料结构多样，难以精准控制和定向合成，因此，如何根据性能上的需求去设计和制备特定的材料结构，成为研究道路上的“拦路虎”。对我们团队来说，这是挑战，也是机遇。

从孔结构和表面性质入手

从理论上来说，富碳纳米储能材料的电化学行为与其结构、形貌和共生原子密切相关，表面官能团也会产生很大的影响。

就拿富碳材料的孔结构来说吧，电池的电极材料中需要有一定数目的“孔”，能在充放电时让电子或离子要么通过，要么存储下来。这些“孔”应该是大是小，是圆是方？应该如何有序、有尺度地分布？应该采用什么方法，才能对其实现精准调控，从而制备出具有特定孔结构的富碳材料？这都是材料制备过程中的共性问题。找到这类问题的答案，才能对材料的孔结构和表面化学性质进行优化设计，进而提出制备富碳储能材料的普适性方法。

针对结构设计和性能调控的核心问题，我们团队从基础研究着手，潜心研究，十年磨一剑，取得了许多科学进展。

例如，我们以石墨烯为基本结构单元，制备出低密度高强度的多级孔结构石墨烯基三维碳材料，而这种结构正是储能材料具有循环稳定性的基础。为此，我们开发出一套巧妙的制备工艺，通过凝胶分散介质的调变实现孔结构的连续调控和化学成分的可控可调。至于个中“玄机”，我们用π-π共轭诱导和原子掺杂两个策略来解释：在制备过程中引入氨溶液，从而使氮原子掺杂到石墨烯之中，在石墨烯层间形成碳氮共价键；碳氮共价键与碳结构中的π-π共轭诱导

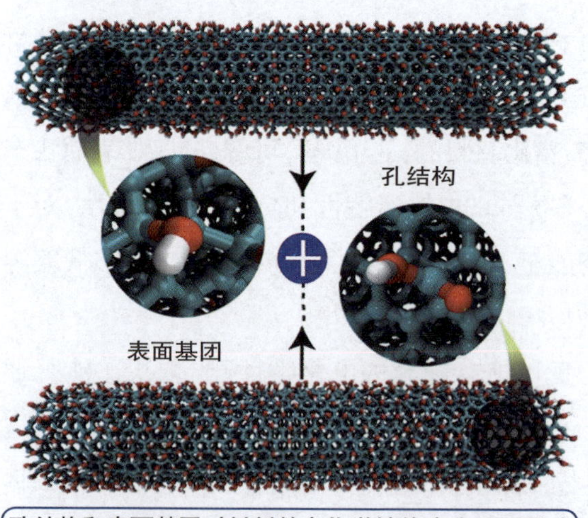

孔结构和表面基团对材料的电化学性能产生重要影响

效应协同作用，形成储能材料所需要的高强度和多级孔结构。

成功实现孔结构和表面化学的调变并探明其中的作用机制，为接下来制备结构可控、性能优异的富碳纳米材料提供了理论支撑。

见招拆招，解决产业问题

我们在项目开展之初，就从产业化的方向来思考理论问题，让基础科研成果真正投入应用。我们制备的富碳纳米材料可用于锂离子电池、锂硫电池、超级电容器等储能器件，使器件的续航时间延长，循环次数增加，安全性增强，就像"超级电池"一样。

1. 在锂离子电池中的应用

目前绝大多数的商业锂离子电池都使用石墨作为负极材料。但是，石墨负极的实际比容量已经接近其理论值，很难再有提升的空间。能不能找到一种高比容量负极材料来替代石墨呢？石墨烯基富碳纳米材料就是一个很好的选择。它的储锂容量远远超过传统石墨负极材料的理论容量，只是由于存在首次效率较低、无放电平台、循环性能差、充放电曲线滞后严重等缺点，难以直接作为电极材料用于锂离子电池。

为了解决这个问题，我们提出了构筑石墨烯/硫化锡负极材料的新策略，让石墨烯和硫化锡一层一层地、"面对面"地贴合在一起，合成片片相隔式的二维复合电极材料。在这种复合结构中，石墨烯和硫化锡的维度高

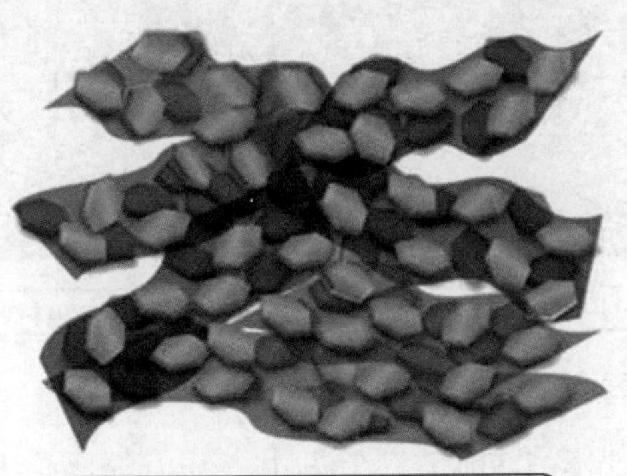

二维"面–面"结构的石墨烯/SnS_2锂离子电池负极材料

效匹配，它们之间界面接触良好，能有效减小材料内部电荷的传输阻力；而且，石墨烯是柔性的，硫化锡是刚性的，二者结合能更好地适应充放电过程中材料的体积变化与应力变化，大大提高电极材料的结构稳定性。

2. 在锂硫电池中的应用

锂硫电池被认为是极具潜力的下一代高容量储能电池。然而，锂硫电池体系中存在的一系列问题严重制约其性能发挥与实际应用。首先，锂硫电池充放电过程中会形成一系列易溶于电解液的多硫化锂中间产物，导致电池的循环稳定性欠佳；其次，受限于硫及其放电产物硫化锂的绝缘特性，锂硫电池中正极活性物质硫的利用率偏低；第三，用金属锂作负极，存在安全隐患。

基于这三个问题，我们为改善锂硫电池的电化学性能提供了新思路。我们开发出一类新型碳/硫复合正极材料，解决了硫正极存在的导电性差和中间产物溶解穿梭等关键科学问题；进一步发展了原位锂化碳/硫复合材料，对因使用金属锂作为负极可能导致的安全隐患提出新的解决途径。

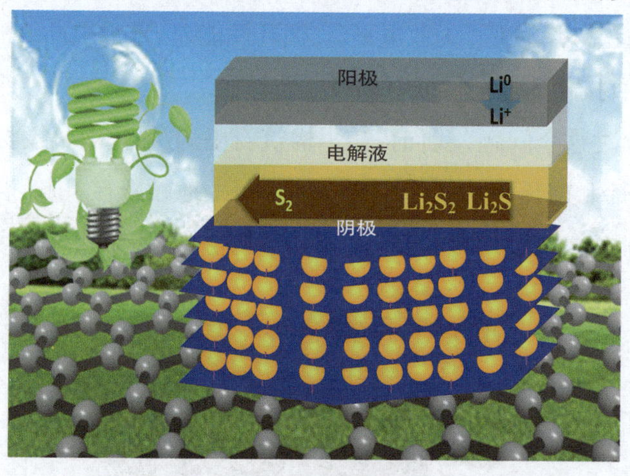

可用于锂硫电池体系的高稳定碳/硫复合电极材料

3. 在超级电容器中的应用

在现有的各种化学储能器件中，电化学电容器或超级电容器是功率密度最高的二次化学储能器件，尤其适用于电动汽车的负载均衡装置。富碳纳米材料中的碳纳米管，尤其是垂直排列的碳纳米管，是构建高性能超级电容器复合电极的理想碳载体。然而，由于碳纳米管间仅靠微弱的范德华力结合，采用传统的湿化学法负载金属氧化物时极易破坏碳纳米管的定向排列结构。

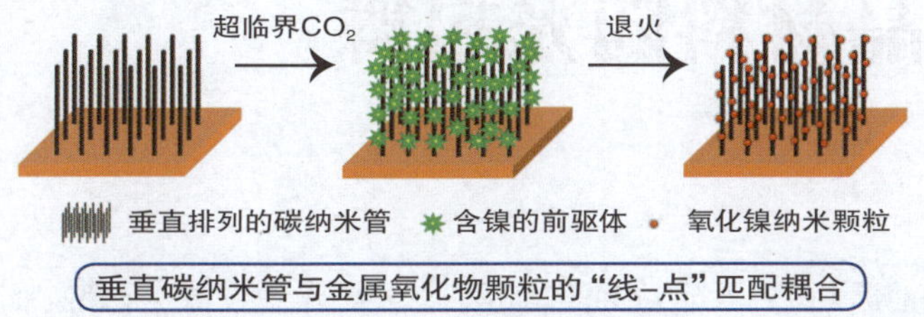

垂直碳纳米管与金属氧化物颗粒的“线–点”匹配耦合

我们针对这一问题，创新性地将垂直碳纳米管与金属氧化物以“线–点”的方式匹配耦合，制备出垂直碳纳米管/氧化物纳米复合电极。在这种电极材料的结构中，垂直碳纳米管仿佛是一条条线，金属氧化物纳米颗粒作为活性组分仿佛是一个个点，后者在前者的管间孔隙里轴向均匀分布。它与碳纳米管负极匹配组装的超级电容器，表现出很高的能量密度和良好的循环稳定性。

由于富碳纳米材料独特的结构和性能，基于其创制的新型锂离子电池、锂硫电池及其超级电容器器件有着批量化、集成化制备的先天优势。目前，我们团队正与一批国内外企业开展合作，相信在不久的将来，人们可以在电动汽车、储能电站、电子设备等多个领域看到富碳纳米储能材料的身影。

（本文作者杨俊和为上海理工大学材料科学与工程学院教授、博士生导师，上海市重点创新团队带头人，上海领军人才，“富碳纳米储能材料的结构调控及其电化学行为”项目第一完成人；郑时有为上海理工大学材料科学与工程学院教授、博士生导师，上海东方学者特聘教授，上海领军人才，国家百千万计划专家。）

让液晶材料随光起舞

徐 梅

光对地球上的大多数生命而言都是非常重要的。光就像一个魔法师，能让一些生物在短时间内发生显而易见的改变：向日葵跟着阳光的方向转动花盘，猫的瞳孔随光线强弱而放大缩小……有一些材料也能像向日葵和猫眼一样，对光刺激做出响应，它们就是光响应高分子材料。

亲密的舞伴

光响应高分子材料在吸收特定波长的光后，能发生某些化学或物理反应，产生一系列结构和性能的变化（如尺寸、形状、颜色、电阻的变化等），从而表现出特定的功能。其中，材料在光照下发生形状或尺寸改变的现象，被称为“光致形变”。

光响应高分子材料中通常含有光敏基团。我们可以把高分子和光敏基团想象成两个亲密的舞者，它们携手随着光翩翩起舞，由此赋予材料各种奇妙的变化。对光致形变高分子材料来说，最常用的光敏基团是偶氮苯。

早在20世纪30年代，科学家就发现偶氮苯具有两种几何构型。后来的研究进一步揭示：在光的作用下，偶氮苯可以发生可逆的异构化转变。偶氮苯一般呈现热稳定的反式构型，此时其分子结构近似棒状；被紫外光照射或加热后，偶氮苯分子会从反式变为顺式构型，此时其分子结构弯曲，近似于V形。顺式的偶氮苯很不稳定，自然状态下会逐渐恢复为反式构型，如果用可见光照射或者加热，恢复的过程会加快。

20世纪70年代，科学家将少量偶氮苯引入高分子材料，发现这种材料在紫外光照射下会产生1%的体积收缩。1%的变化看似微不足道，但这证明了制备光致形变高分子材料的可行性。

对偶氮苯来说，最合拍的舞伴当属液晶高分子。液晶高分子材料兼具密度小、比强度高、耐疲劳等特点。而且液晶分子具有有序排列的特点，分子之间还有良好的协同作用，当少量分子在外部刺激下发生排列变化时，其他分子也会发生相应的取向改变，因此改变整个液晶体系所需的能量很少，这能极大地提高材料响应时的应变、应力和速度。因此，在光响应高分子材料研究中，液晶高分子材料越来越引起人们的重视。

当偶氮苯与液晶高分子共"舞"，材料能够产生双向可控的形变。21世纪初，科学家首次合成了含有偶氮苯的液晶高分子材料。在紫外光照射下，材料发生了收缩形变，形变量达到20%；而在可见光的照射下，材料又能够恢复原有的长度。

此后，光致形变液晶高分子材料的研究工作取得了很大进展。复旦大学俞燕蕾教授课题组经过多年的系统研究，在可控合成新型光响应高分子、多尺度结构调控理论及光控柔性执行器构筑新原理等方面取得了原创性成果。她领衔完成的"光响应高分子材料"项目荣获了2018年度上海市科学技术奖自然科学一等奖。

响应波长更长的光

俞燕蕾在日本攻读博士学位期间，首先报道了含有偶氮苯的液晶高分子薄膜的三维运动：在紫外光照射下，薄膜会发生弯曲。回国后，她带领课题组成员做出了一系列有特色的研究工作。

光致形变液晶高分子材料通常需要使用紫外光作为刺激源，而紫外光对人体有害。与紫外光相比，可见光或近红外光的能量更低，可以在生物组织中穿透得更深，并且产生的破坏更小，因此更有利于用于生物体系。而且，可见光与红外光是太阳光中的主要成分，如果能够开发出可见光和红外光驱动的形变材料，就能将取之不尽用之不竭的太阳光作为驱动源，这样不仅更便捷而且成本更低廉。

课题组利用含有偶氮二苯乙炔长共轭基团的液晶高分子开发出可见光直接驱动的光致弯曲薄膜。偶氮二苯乙炔中的苯乙炔基团加大了偶氮苯的共轭体系。通常，共轭体系越大，分子可以吸收的光子波长也越长。苯乙炔基团的引入使偶氮苯基团的最大吸收峰的位置移动到可见光区域。这意味着我们可以直接利用太阳光控制材料的形变。

他们进一步制备出能够响应红外光的复合材料薄膜。在这项研究中，他们利用了一种被称为上转换发光的技术。过去，人们普遍认为材料只能受到高能量（短波长）的光激发，发出低能量（长波长）的光，比如：紫外光激发出可见光，可见光激发出红外光。后来人们发现，有些材料可以实现与之相反的发光效果，即上转换发光。

课题组在含偶氮二苯乙炔的液晶高分子材料表面涂覆具有上转换发光功能的稀土纳米粒子。在近红外光照射下，薄膜沿液晶排列方向朝着光源产生快速的弯曲变形。当光源移开后，薄膜迅速回复到初始的平整状态。而且，重复快速开关近红外光源，薄膜能够快速响应，表现出很好的可逆性。

在光的刺激下，液晶高分子能够产生形变，然而受限于刺激前后有序度的变化程度不够显著，其光致收缩率最高只能达到20%。这远逊于自然界中一些生物材料的性能，例如：蜘蛛丝在高湿度环境下能够收缩50%，以此修复由于外物冲击造成的破坏。

课题组利用高度有序的液晶相作为转变单元，将应变能锁在液晶共聚物纤维中，再以470纳米蓝光作为“开关”，利用偶氮苯光异构化引起的有序–无序液晶相转变实现了应变能的解锁和释放。最终，液晶共聚物纤维产生了高达81%的超大光致收缩形变，这是目前文献报道的最高值。

他们还将共聚物纤维作为光响应铰链，通过建立其长度和活页折叠角度之间的函数关系，实现了“光控精确折纸”。由共聚物纤维构成的松散的

"人造蜘蛛网"可以在光照下大幅收缩，成功模仿了自然界中破损蜘蛛网的修复过程。

微小而智能的执行器

液晶高分子光致形变功能的实现完全由光控制，其形变的过程也就是把光能转换为机械能的过程，而机械能作为可以直接利用的能量，在生产和生活中发挥着重要的作用。因此，科学家一直热衷于开发基于光致形变液晶高分子的柔性智能执行器。与常见的机械装置相比，这些执行器不需要辅助的组件进行安装，也不需要复杂的设备进行控制，只需要加工成单一形状，即可在外部光照下完成各种运动，在人工肌肉、微型机器人、微泵、微阀等领域有着广泛的应用前景。

课题组将偶氮二苯乙炔液晶高分子材料与聚乙烯复合，设计出可见光响应的柔性微机器人。这个机器人由"手指""手腕"和"手臂"等部件构成，整体系统中不包含任何齿轮、轴承和接触性驱动系统。只需要用可见光照射不同部位，即可操纵机器人完成抓取、举高、移动和放下等动作，搬运质量达到自身质量10倍的物体。

微量液体传输是涉及诸多领域的重要问题，如昂贵液体药品的无损转移、微流体器件与生物芯片中的液体驱动等，都与之直接相关。近年来，微流体芯片的自身尺寸不断缩小，功能单元数量日益增多，外部驱动设备和管路相应地越来越复杂和庞大。用光控制微流体有助于简化微流控系统，但是现有的光控技术存在许多缺陷。

课题组观察到，生物的动脉血管管壁因其层状结构的存在，所以异常坚韧。受此启发，他们仿生设计出一种全新结构的线型液晶高分子材料，并设计出一种光控微管执行器。微管受到光照时会发生形变，产生毛细作用力。通过改变光照条件就能够精确控制液体运动的方向和速度，甚至可以使微量液体克服重力爬坡，及产生S形和螺旋形运动轨迹。该微管执行器可以驱动多种类型的液体、复杂的流体，甚至是生物样品。它在生化检测分析、微流反应器、芯片实验室等诸多领域都有很高的应用价值。这项研究被国际同行誉为“超越现有的微流体操控技术，是具有真正开创意义的优秀成果”。

形变只是光响应高分子材料对光刺激的响应方式之一。在科学家的精心编排下，高分子和光敏基团这对舞伴还能表演许多精彩的舞蹈，为人们的生活创造无限可能。

（本文作者徐梅为《科学画报》记者、编辑。）

寻找氟化学的“金钥匙”

顾淼飞

在元素周期表中，氟元素排行第九，位于从右边数第二列、从上边数第二行的位置。这个位置也意味着氟是除氢以外原子半径最小的元素，是电负性最大、单质的反应性最强的元素，在有机化学中，碳氟键是碳元素参与形成的最强的单键。

含氟物质的很多性质和功能都要归因于氟元素的这些最小、最大或最强之处。

“小”元素，大用场

含氟物质的一大应用领域是制药业，我们熟知的氧氟沙星、诺氟沙星等就是含氟药物的典型例子。由于氟原子与氢原子的原子半径相差不大，所以，把药物分子中的氢原子替换为氟原子并不会显著改变分子的空间位阻；但是，由于氟原子很大的电负性，含氟药物会产生截然不同的电子性质，进而改变分子的亲脂性、与目标结构静电作用的选择性，以及对一些代谢途径的抑制作用，使含氟药物表现出一般药物不具备的药效。正因如此，含氟药物的应用研究越来越深入，含氟药物不断问世。据统计，在近年来批准的新药（包括生物制药产品）中，有30%左右都含有氟原子或含氟基团。

含氟物质的另一个重要应用领域是材料科学。提到含氟材料，我们首先想到的可能是被誉为“塑料王”的聚四氟乙烯（PTFE）。它还有一个俗名，叫“特氟龙”。20世纪40年代，美国曼哈顿计划需要寻找一种耐腐蚀材料，用来为处理六氟化铀的设备制造内衬和密封部件，他们最终使用的材料就是聚四氟乙烯。聚四氟乙烯耐酸、耐碱、耐各种有机溶剂，其使用温度可以从-180℃跨到260℃，它即使在熔融状态下也不会流动，只形成透明的胶体，再加上它具有优异的绝缘性、润滑性、抗老化性和抗辐射性，因此在第二次世界大战期间，人们一直将其作为军需品生产和供应。当然，聚四氟乙烯在今天已经跳出军工领域的“小圈子”，逐渐成为航空航天、石油化工、机械、电子电器、建筑、纺织等各个领域的“顶梁柱”。

另外，北京奥运会水上项目场馆“水立方”的薄膜材料采用的也是含氟聚合物。一些含氟有机物气体被用作制造微芯片的蚀刻剂。含氟化合物也被广泛应用于计算机、智能手机的液晶材料中。氟元素在我们的生活中无处不在，不可或缺。

天然不够，合成来凑

含氟物质的用途如此之广，那么，这些含氟化合物从哪儿来呢？

其实，氟元素在地壳中的含量排在所有元素中的第13位，算得上储量丰富。但是，天然存在的含氟物质以萤石（CaF_2）居多，这是一种无机物；而含氟有机物只有12种（也有说法是13种或21种），种类和数量都非常稀少。这就意味着，我们用到的含氟物质无法从自然界直接获取，几乎全部依赖于化学合成。进入21世纪以来，随着含氟有机物在制药业和材料科学中的重要性日益凸显，有机氟化学的研究蓬勃发展，步入了黄金时代。

中国科学院上海有机化学研究所是我国氟化学学科的发源地，始终走在国际氟化学领域的前沿阵列。胡金波研究员团队从2005年开始，一直致力于通过理解和掌握氟化学反应的独特规律实现含氟有机分子的高效合成，取得了大量创新成果。2018年，胡金波团队完成的“基于负氟效应的有机氟化学研究”项目获得上海市自然科学奖一等奖。

实验得到的意外结果

要想在分子中引入氟原子或含氟基团，氟烷基化是一种直接、高效的方式。亲核氟烷基化是氟烷基化的一种，指通过亲核氟烷基化试剂，将氟烷基基团（如$-CF_3$、$-CF_2H$、$-CFH_2$等）以亲核的方式（一般经历氟烷基碳负离子中间体）引入目标分子中。根据氟烷基基团的类型，亲核氟烷基化反应常分为亲核全氟烷基化、亲核三氟甲基化、亲核二氟甲基化、亲核一氟甲基化、亲核二氟烷基化、亲核一氟烷基化等。

胡金波团队想要从探究各种氟烷基碳负离子的反应特征入手，找出一个可用于理解、预测、设计各种亲核氟烷基化反应的指导性规律。

有机反应按照怎样的路径进行，取决于反应中的一类"关键人物"——活泼中间体。活泼中间体，顾名思义，就是反应物在转化成产物的过程中形成的一种很活泼的、常常不易长时间稳定存在的过渡物质。要想知道反应是怎样一步步进行的，就得先知道反应经历了哪种关键活泼中间体，以及活泼中间体做了些什么事情，起到了什么作用。

氟烷基化反应中有三种重要的活泼中间体——含氟碳自由基、含氟碳正离子、含氟碳负离子。在2005年胡金波团队开展独立科学研究工作之前，前两种活泼中间体已经有科学家进行了充分的研究，做出了合理的阐释；只有含氟碳负离子的稳定性和反应活性还没有摸清，含氟碳负离子的亲核氟烷基化反应机理尚未有定论。

当胡金波团队进行了大量实验之后，他们得到了一个意外的结果：与亲核三氟甲基化相比，亲核苯磺酰二氟甲基化的反应活性要好得多，结果也漂亮得多；而在一些反应中，亲核苯磺酰一氟甲基化的反应活性又比亲核苯磺酰二氟甲基化要好得多。因此，从表观上来看，含氟碳负离子中的氟原子取代个数越少，其反应活性就越好。

这个结果与通常的理解很不相符。一般认为，像氟原子这样的强吸电子基团能使碳负离子更加容易稳定存在，而容易稳定存在的碳负离子通常较"软"，根据前线轨道理论，其更有利于与其他"软"的亲电物质发生亲核反应；也就是说，氟原子取代个数越多，反应活性常常应该越高。

可是，为什么实验证明，氟原子数目越多，反应结果反而变差了呢？

看来，这里面一定存在什么因素，能抵消甚至“透支”由氟原子数目增加而产生的正向作用。这个因素由胡金波团队首次提了出来，并将它归纳为“负氟效应”。胡金波团队通过细致的实验研究，并考察了大量文献案例，最后提出了自己的独到解释：一方面，含氟碳负离子中心的氟原子取代个数越多，含氟碳负离子越容易发生“α-消除”类型的自身分解反应；另一方面，氟原子取代个数越多，含氟碳负离子就越“硬”（而不是通常认为的越“软”）。这两方面的因素相互叠加，就使得在亲核氟烷基化反应中，含有较多氟原子取代的碳负离子的热稳定性及其亲核反应活性通常要低于只含较少氟原子取代的碳负离子。

有机氟化学的“金钥匙”

提出“负氟效应”相当于拿到了解释、预测氟烷基化反应的“金钥匙”。接下来，胡金波团队以“负氟效应”为切入点，进一步围绕基于α-含氟碳负离子反应特征向分子中高效引入含氟基团这一挑战性课题，做出了许多创新成果。

他们发展了多个原创性氟化学合成试剂和反应，所开发的试剂被国内外同行在各自的合成工作中成功使用150余次，其中两个试剂被称为“胡试剂”。他们还基于原创性研究，实现了有机氟化学领域多年来被认为“不可能实现”或者“很难实现”的化学反应，纠正了氟化学领域的若干传统认知，例如：首次发现并报道了水的存在能够促进三氟甲基亚铜参与的亲核三氟甲基化反应，改变了之前“三氟甲基亚铜的反应需要在无水体系中进行”这一观念；首次实现了二苯磺酰一氟甲烷与醛的亲核加成反应，纠正了国际同行公开报道的“不管采用什么条件都不能实现这一反应”的论断。

“负氟效应”这把“金钥匙”还将打开哪些研究领域的大门？它能否用来解释、设计、预测其他各种类型的氟化学反应？胡金波团队还在不断探索。这些工作是非常重要的，因为我国是氟资源大国，氟矿储量较为丰富，通过氟化学研究把我国的氟资源优势转化为氟技术优势，其战略意义不言而喻。

（本文作者顾淼飞为《科学画报》记者、编辑。本文经胡金波研究员审核。胡金波为中国科学院上海有机化学研究所研究员、博士生导师，中国科学院上海分院院长，“基于负氟效应的有机氟化学研究”项目第一完成人。）

为百万“酶”军建一支“侦察兵团”

许建和

生物技术与医药化工看似分属不同“流派”，其实二者的结合早有渊源。20世纪50年代，上海科研工作者首次成功研制出国产青霉素，这就是生物技术与医药化工“联姻”的产物，因为生产青霉素就用到了发酵这种生物技术。

如今，生物技术在医药化工领域的应用越来越多，其中之一就是酶促反应。

生物技术与医药化工的结合

酶是生化反应中常见的催化剂，它跟普通的催化剂相比有两个优点：一是速率更快，二是选择性更高。前一个优点有利于化学品的快速合成，后一个优点有利于精准合成。

但是，酶也有缺点——在工业生产条件下非常不稳定。这不难理解。因为酶通常是存在于生物体内的，它的产生、进化都是为了满足生命过程的需要，所以，把酶从条件温和的生物体内拿出来，放到动辄高温、高压、强酸、强碱的工业生产条件下，它自然会因“水土不服”而失活。

为了克服这个缺点，几代科学家做出了不懈的努力。20世纪70年代初，科学家将游离酶和载体结合起来，使其可以重复利用，这就是酶的固定化技术，也是酶工程的核心技术。后来，基因工程技术日臻成熟，科学家将目标基因与载体DNA在体外进行拼接重组，然后转入另一种易生长、易繁殖的生物体内，让外源物质在其中表达出新产物或新性状。第三代“改造”则在蛋白质身上做起了文章，其中尤以酶的定向进化最为亮眼，这种技术通过人为创造特定的进化条件，模拟自然进化机制，从而改造基因，并定向选择出能够适应这一条件的酶。历经三代“改造”，酶的稳定性问题基本上得以解决，酶真正适应了化学工业的需要。

当酶能够稳定使用的时候，它的第三个优点就显露出来了，那就是反应条件温和，这也意味着酶促反应体系是更加节能和安全的。至此，以酶为代表的生物催化剂“手持”反应速率快、选择性高、反应条件温和三大“利器”，已经具备了产业化应用的可行性和可靠性。

率先实现产业化

我们团队领衔完成的“生物催化剂的快速定制改造和高效合成手性化学品的关键技术”项目，就是生物催化剂在医药化工领域实现产业化应用的典型案例，2018年，该项目获得了上海市技术发明奖一等奖。

事实上，当工业界看到了生物催化剂的应用潜力之后，就有企业提出了实际需求：能否使用生物催化剂来大规模地、高效地生产特定的药物化学品？要想满足这一需求，需要解决两个问题：第一，天然存在的酶有几百万种之多，怎样从这么多酶当中找到能用的那一个？第二，怎样让这个酶进一步从“能用”变得“好用”，从而适应产业化的需要？

我们最初的尝试是从一种名叫（*R*）-硫辛酸的手性化学品开始的。（*R*）-硫辛酸被誉为“万能抗氧化剂”，它的抗氧化性能非常优异，多用作预防和治疗心脏病、糖尿病及阿尔茨海默病的维生素类药物。在此之前，合成（*R*）-硫辛酸需要多达6步化学反应，效率很低；而且，（*R*）和（*S*）这两种手性化学品除了光学性质不同以外，其他物理性质和化学性质几乎一模一样，分离起来要耗费大量工时。

首先面临的难题就是酶的筛选。要想从数以百万计的酶当中找到能够催化合成（*R*）-硫辛酸的那一个，无异于大海捞针。好在，我们团队已经预先建立了“千酶库”，这个库里只有1 000多个酶，却能代表全部几百万种酶，所以，我们要做的是在“千酶库”里筛选目标酶，而不需要将几百万个酶逐一尝试，这样搜索范围一下子缩小了3个数量级，难题迎刃而解。

找到这个天然酶只是“万里长征走完了第一步”，接下来还需要对天然酶进行有针对性的改造，让它真正满足产业化的要求。于是，我们创新发展了多目标并行的定向进化策略，解决了酶催化剂易失活、稳定性差的问题。我们最终得到的酶与天然酶相比，其催化活性提高了近1 000倍，稳定性提高了近2 000倍。这样的结果，意味着我们建立的酶法合成（*R*）-硫辛酸成套工艺远远超越了国外同类专利，我们成为世界上第一个实现了该工艺产业化的团队，并且拥有完整的自主知识产权。

“千酶库”：工业催化酶的“侦察兵团”

这项研究中最大的亮点，也是我们的制胜法宝，当属“千酶库”的建立。那么，“千酶库”是什么呢？

你可能做过这样一道智力题：假设有100瓶酒，其中有1瓶是毒酒；现在有7只小鼠，每只小鼠只能喝一次酒，且喝到毒酒就会死去，你能仅用这7只小鼠找到那瓶毒酒吗？

答案是肯定的。你当然不能一瓶一瓶挨着去试，不然很可能小鼠都用完了，毒酒并未现形。你可以在这100瓶酒中挑出50瓶，从每瓶酒里取一点样品混合，让小鼠喝一次，这样你就知道了毒酒在哪一组（如果小鼠死了，说明毒酒就在这50瓶当中；如果小鼠没死，说明毒酒在另外50瓶当中）。依次类推，逐渐缩小范围，当最后确定唯一的那瓶毒酒时，算下来需要尝试的次数不会超过7次。

建立“千酶库”的原理也是类似的。天然存在的酶有几百万个，一个个尝试显然是不现实的。于是，我们根据酶在进化树上的分布，从每3 000个酶当中选择一个“代表”，一共选出1 000多个“代表”。这1 000多个“代表”被称为先导酶。如果把数百万的酶比作百万大军，那么先导酶就好比侦察兵，一旦与被测试的目标底物起了反应，就可以提示我们把方向瞄准进化树上先导酶邻近的基因群落，准确指引方向；接下来再通过高通量筛选方法，就可以快速锁定目标。

这就是“千酶库”的原理。它大大简化了催化剂筛选的工作流程：如果一个个地尝试，需要进行几百万次实验；但是有了“千酶库”，理论上最多只需要进行几千次实验。正是因为采用了这种巧妙的策略，我们的速度才能大大加快，才能将找到先导酶的时间从1~2年缩短至1~2星期。

当生物技术遇见人工智能

2018年，谷歌旗下的DeepMind公司发布了一个新的人工智能工具——AlphaFold，它能够基于基因序列预测蛋白质分子的三维结构，从而极大缩短了研发周期，节约了研发成本。我们不妨对比一下：科学家利用实验方法，迄今为止一共测定了17万个蛋白质三维结构；而AlphaFold在问世不到3年的时间里，已经预测了35万个蛋白质结构，预计到2021年年底，它将完成1.3亿个蛋白质结构的预测——这个数量达到了人类已知蛋白质总数的一半。

这是生命科学的重大突破，也是人工智能带给生物技术领域的惊喜。

这也启发了我们团队：对于生物催化剂的选择、定制、设计来说，“千酶库”并不是最快的途径，利用人工智能建立一个更广义的“酶库”——或者可以称其为“生物催化剂数据库”——才是“王道”。

人工智能已经做到了根据序列来预测结构，它能进一步根据结构预测出蛋白质的功能吗？比起预测结构，预测功能当然是更有价值的。因为我们只有知道了一种蛋白质具有哪些功能，才能知道它可以被用在哪儿、怎么用，才能指导生物技术、制药、化工等多个领域的研发工作，才能更直接、更有力地推动相关行业的迅速发展。这也是我们团队对未来的期待和努力方向。

（本文作者许建和为华东理工大学生物工程学院教授、博士生导师，“生物催化剂的快速定制改造和高效合成手性化学品的关键技术”项目第一完成人。）

新一代北斗导航卫星“新”在何处

孙 云

2015年3月30日，我国首颗新一代北斗导航卫星搭乘着长征三号丙运载火箭，成功登入太空并顺利进入预定轨道。新一代北斗导航卫星首发星的成功发射，拉开了我国北斗卫星导航系统全球组网建设的序幕。

北斗卫星导航系统是我国自主建设、独立运行的，与世界其他卫星兼容共用的全球卫星导航系统。其可在全球范围内全天候、全天时为用户提供高精度、高可靠的定位、测速、授时服务，并兼具短报文通信能力。

新一代北斗导航卫星首发星是我国发射的第17颗北斗导航卫星，它虽个头小，却能量大。在不到4年的时间里，上海微小卫星工程中心作为卫星总体单位，组织近30家科研机构协同攻关，迈出了北斗卫星导航系统全球组网的第一步。这颗卫星被称为新一代北斗导航卫星，它究竟“新”在何处？

从星地相连到星间链路

我们已经习惯了通过手机上的地图应用软件寻找周围的景点，查看目的地的位置，以及选择最佳路线等。这一切都是靠卫星导航。卫星导航系统的使用运行，离不开地面基站的支持，比如美国的GPS（全球定位系统）就在世界各地都建有大量的地面基站。

新一代北斗导航卫星首发星的研究团队另辟蹊径，提出了一个全新的方案：通过一种星间链路体制，让卫星与卫星之间建立起稳定的连接，从而使几十颗卫星编织成星网。这样一来，只要能保证其中任一颗卫星和地面建立连接，就可以实现整个卫星网络的准确运行。

这一方案突破了北斗导航系统因地面基站的限制而难以从区域走向全球的瓶颈。但研究人员都明白：靠卫星与卫星的互联互通来实现全球定位服务，是一条全球都不曾有人走过的路。

从单点最优到功能链

导航系统的核心是卫星，而卫星系统的关键是载荷。当时，承担这次项目的卫星总体单位上海微小卫星工程中心和载荷设计总体单位中国电子科技集团公司第二十九研究所的研究人员面临的现实情况是：一方面，所有元器件必须国产化，才能实现自主可控，保障国家安全；另一方面，时不我待，团队要用最短的时间，与国外三大导航系统竞争上万亿元的卫星导航应用市场。

如此一来，研究人员不仅要采用新技术，还要争取更快的研发速度，任务重，时间紧，难度可想而知。

以往研制卫星都是采用分系统模式，通常包括遥测遥控、热控、姿态轨道控制、星务管理等分系统。然而，每增加一个分系统就意味着卫星故障率大幅提高。而新一代北斗导航卫星上更多新技术的应用，极大增加了卫星的故障风险。

为了确保新一代北斗导航卫星的稳定性和先进性，团队经过充分论证，决定改变传统“单点最优”思维模式，按照“功能链”的设计理念，采用一体化的设计方法，首次采取全国性开放式协同设计平台，以实现专业优势互补，快速优化迭代。

更高的设计要求

以往的卫星都是采取转移轨道方式，卫星需要几次变轨后才能进入预定轨道。而新一代北斗导航卫星采取的是直接入轨方式。直接入轨的方式可以减少卫星携带的燃料，同时也要求卫星质量更轻、体积更小，对卫星设计提出了更高的要求。

据介绍，新一代北斗导航卫星采用了与以往北斗卫星不同的设计路线，比如在确定卫星姿态方面，首次采用了以恒星为参考源的星敏感器，而不是常用的陀螺定姿技术。为此，团队针对导航任务研发了一个专用技术平台，未来研制的北斗导航系列卫星都可以在这一平台上进行研发。

最终，新一代北斗导航卫星98%的部件实现了国产化，核心关键部件更是全部为"中国制造"。多项技术达到了国际领先水平，目前，核心器件在轨表现良好。

新一代北斗导航卫星首次验证了星间链路和自主导航体制，实现了"一星通，星星通"，让卫星能够"天上对话""星星组网"。星间链路既提高了测定轨道和授时精度，也降低了管理成本，为实现自主导航奠定了基础。

北斗背后的故事

新一代北斗导航卫星首发星，是中国科学院承担研制工作的首颗长寿命、高可靠业务星。在上海微小卫星工程中心导航副总设计师沈学民研究员看来：其技术难度之大，任务要求之高，研制进度之紧是前所未有的。科学卫星一般寿命设计比较短，发上天后，哪怕出了点儿小问题也可以通过地面调整修正，不会影响科学目标的实现。但导航卫星是一点儿都不能出问题的，哪怕只有几秒停顿，都可能给国民经济、国家安全和人民生活带来损害。

按照导航卫星的飞行程序安排，卫星发射前50分钟，需将卫星与地面测试连接的脱落电缆插头及火工品星表插头拔掉。此时，卫星位于发射塔架的最高处，离地面约70米。相关人员拔完插头后要在5分钟内，通过简易步梯快速撤离现场。此刻火箭就在脚下冒着"白烟"，随时待命发射。这对个人的身体和心理都是极大的挑战。为确保任务顺利完成，沈学民在每次发射前都率队上塔。他说："我年纪大了，万一有什么突发事情，你们先撤，我断后！"

北斗导航系统不仅方便我们的日常生活，更是保卫国家安全的重中之重。上海微小卫星工程中心副主任、新一代北斗导航卫星首发星总设计师林宝军说："使用国产化器部件，就再没有人能卡我们的脖子了！我相信我们会做得更好！"2018年，"新一代北斗导航卫星首发星"项目获得上海科技进步奖一等奖。

2020年7月31日，北斗卫星导航系统开通，正式为全球用户提供全天候、全天时、高精度的定位、导航和授时服务。林宝军赋诗一首表达了自己的激动心情："自主铸就北斗星，创新擘画玉汝成。开放彰显乾坤志，融合时空谋共赢。"

（本文作者孙云为《科学画报》记者、编辑。）

超超临界+二次再热
——世界一流的汽轮发电机

程元武 姚晨辉

我国自主设计、制造的百万千瓦等级超超临界二次再热机组是目前世界上参数最高、效率最高、应用新技术最多的科技创新项目，也是我国燃煤电站技术发展水平的集中展现。

更高效和洁净的火电

炎炎夏日，对于身处高温地区的人们来说，空调是家庭必备的降暑利器。在习惯了享受空调制造的凉爽环境后，如果遭遇停电，肯定令人难以忍受。

自19世纪70年代人类进入电气时代后，电能在今天已经成为人类最主要的能源，被广泛应用在动力、照明、化学和通信等各个领域，在人类的生产和生活中都发挥着重要的作用。

目前，世界各国的发电主力是火力发电、水力发电和核能发电。风力发电、太阳能发电以及地热发电、生物能发电等新能源发电形式，虽然也处于高速发展中，但它们的发电量所占比重仍然较低。在各种发电形式中，火力发电量占总发电量的70%以上，占据了大量的份额。

不过，火力发电行业今天也面临一些困境。随着全球温室效应的加剧，社会对环境问题日益关注，要求电厂降低二氧化硫、氮氧化物、二氧化碳等的排放，以满足严格的环保要求。此外，煤炭等化石燃料的日渐紧缺，也使进一步提高燃煤发电效率成为电厂亟待解决的问题。

解决这些问题的关键是发展洁净煤发电技术，主要有两个思路：一是开发利用新的高效发电技术，如整体煤气化联合循环发电等；二是基于常规发电系统，提高机组的蒸汽参数，即机组的超超临界化。

汽轮机是现代火力发电厂的主要设备，也常被用于冶金工业、化学工业、舰船动力装置中。作为一种旋转式蒸汽动力装置，汽轮机利用高温高压蒸汽做功，把机械能转变成电能。提高汽轮机机组参数是常规燃煤电厂增效减排的重要途径，也是燃煤发电技术创新和产业升级的主要方向。

超超临界

临界是指由某一种状态或物理量转变为另一种状态或物理量的最低转化条件。水的临界参数为：t_c=374.15℃，P_c=22.129兆帕。在临界点以及超临界状态时，将看不见蒸发现象，水在保持单相的情况下从液态直接变成气态。一般将压力大于临界点压力的范围称为超临界区，压力小于临界点压力的范围称为亚临界区。

从物理意义上讲，水的状态只有超临界和亚临界之分，而超超临界一般是应用在火电领域的概念。

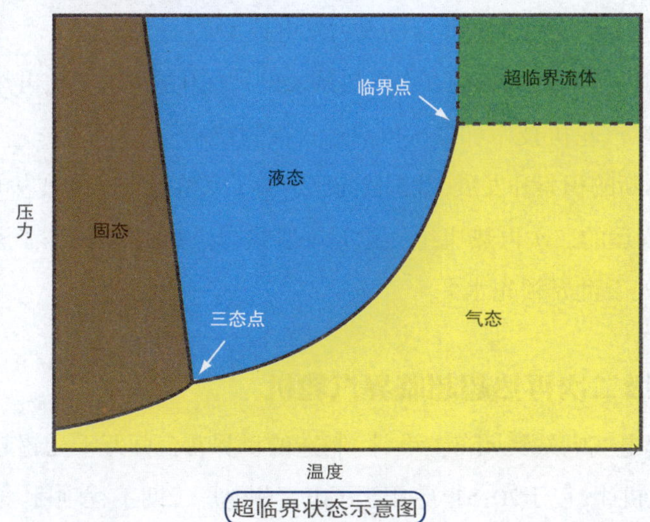

超临界状态示意图

超超临界发电技术的发展至今已有半个多世纪的历史。从20世纪50年代起，英国、德国和日本就开始了对超超临界发电技术的开发和研究。

超超临界与超临界的划分界限尚无国际统一的标准。我国“国家高技术研究发展计划”（“863”计划）项目“超超临界燃煤发电技术”中，将超超临界参数定义为蒸汽压力≥25兆帕，蒸汽温度≥580℃。

超超临界发电具有最高的效率和最低的建设成本，具有最优性价比。因此，进一步提高参数和经济性、降低价格性能比和单位能量的排放是现今火电汽轮机的发展方向。

二次再热

二次再热即汽轮机超高压缸排汽经过两次在锅炉重新提高蒸汽温度，再送回汽轮机做功的一种技术。简单地说，就是超超临界蒸汽经过两次“回炉”，让电厂效率更高、能耗更低、指标更优。

二次再热技术被认为是当今提高火电发电效率的主要手段之一。二次再热技术可以提高蒸汽膨胀终了的干度，提高蒸汽的做功能力，通过蒸汽的二次回炉，降低煤耗。在相同蒸汽压力温度参数下，二次再热机组相比一次再热热效率提高2%。同时，可减排二氧化碳约3.6%。因此二次再热还是一种可行的节能降耗、清洁环保的火力发电技术。

二次再热技术主要包括二次再热系统设计优化技术、二次再热锅炉技术、二次再热汽轮机技术和二次再热运行控制技术等。

经过不断的积累和发展，我国目前已掌握了完整的二次再热发电技术。目前，我国投运的二次再热机组无论是在容量、蒸汽参数，还是在机组效率等方面，均处于世界领先水平。

百万千瓦级二次再热超超临界汽轮机

由上海电气电站集团自主设计、制造的世界首台百万千瓦超超临界二次再热发电机组，已于2015年应用于国电泰州电厂二期工程项目。该机组被

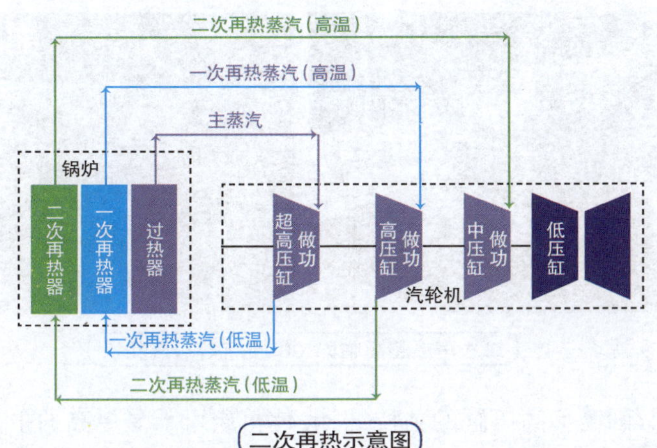

二次再热示意图

国家能源局列为国家二次再热燃煤发电示范项目，攻克了多项汽轮机技术难题，实现了多项技术创新，发电效率高于47.9%。

泰州电厂二期主机采用二次再热技术，主机及控制参数具有完全的自主知识产权，锅炉采用塔式炉，汽机采用五缸四排气方案，主蒸汽压力为31兆帕、主蒸汽温度为600℃、一次和二次再热蒸汽温度都为610℃，综合参数为世界领先水平。

从已投运机组的性能试验结果来看，机组发电煤耗与国内当期投运的最好一次再热机组相比低6克/(千瓦·时)左右，比常规百万机组降低发电煤耗约14克/(千瓦·时)，二氧化碳、二氧化硫、氮氧化物和粉尘排放量减少5%以上。

该产品的成功研制将使我国在高参数大容量机组方面彻底摆脱国外知识产权束缚，实现我国在先进高效火力发电设备设计与制造技术上的突破，引领世界先进水平，更好地为我国大容量燃煤机组综合提效提供示范。

二次再热超超临界1 000兆瓦等级汽轮机产品在热经济性、安全可靠性、运行维护的便捷性等多方面均具有明显优势，总体性能达到了世界一流的先进水平。其特点包括：

(1)小直径、多级数的布置，使机组具有较高的效率。

二次再热超超临界1000兆瓦等级汽轮机

（2）圆筒型高压缸的独特结构，使机组可承受更高的主汽压力和温度。

（3）汽轮机内置应力/温度控制，一键启动，5分钟即可从0转速达到额定转速，运行灵活。

（4）机组可靠性高，12年才需要进行一次大修，维护方便。

我国从1992年开始兴建超临界机组，直到21世纪初才开始引进超临界/超超临界技术。国内各汽轮机主机厂通过不同的合作方式引进、消化并吸收国外技术，逐步实现了超超临界机组的国产化。截至2018年年底，我国已投产的超超临界机组已达160余台，占中国火电机组装机容量的45%，其中1 000 兆瓦及以上机组超过100台。目前，我国已是世界上1 000 兆瓦超超临界机组发展最快、数量最多、容量最大和运行性能最先进的国家。

作为我国最主要的一次能源消费和二次能源供应者，燃煤发电的生产革命，对我国全局的能源生产革命具有决定性作用，而更高参数的超超临界发电技术无疑是高效燃煤发电技术的主要发展方向。

（本文作者姚晨辉为《科学画报》记者、编辑。）

打造“巨无霸”集装箱船家族
——超大型集装箱船系列化船型关键技术及应用

张海瑛 王彩莲

超大型集装箱船属于高技术、高附加值船舶。航运企业对规模经济的追求以及环保法规的日益严苛，加快了船舶的大型化趋势。

超大型集装箱船的技术含量非常高，韩国和日本造船企业长期垄断了这一高技术船舶领域，并对我国进行了技术封锁。超大型集装箱船的投资额巨大，也造成了船东格外注重船舶设计和制造单位的品牌。这些都是我国发展超大型集装箱船的不利因素。

2004年起，超大型集装箱船研发被国家列为重点支持的高技术船舶科研项目，中国船舶工业集团公司第七〇八研究所牵头承担了工信部“超大型集装箱船关键技术研究”等课题，同时结合市场开展了系列船型的设计研发，大力推动了该领域的科研攻关。

超大型集装箱船系列化船型关键技术

超大型集装箱船系列化船型关键技术的“系列化”是指打破传统单个

需求船型的开发方法，采用自上而下的研发方式，紧密结合国际航运市场的需求，打造船型开发平台。课题组以平台为依托，结合船型特点，突破超大型集装箱船设计和优化的关键技术，最终形成拥有自主知识产权的核心技术，研发设计系列化超大型集装箱船船型。“船型关键技术”主要集中船舶水动力学、结构评估技术与优化、大直径长轴系评估与设计、大容量输配电系统架构等多项共性关键技术。

油耗低，跑得快

船舶水动力学的研究目的主要是让船舶“油耗低，跑得快”。课题组通过对多工况吃水的线型优化，满足不同营运工况下的最佳油耗，从而使超大型集装箱船可以在航运公司常用的多种载重量情况下达到最低油耗的组合，而不是常规地仅满足合同指标的航速优化。另外，油耗低的船舶不但可以节约用船成本，还可大幅度降低温室气体的排放，满足日益严格的排放要求，保护日趋脆弱的地球环境。

装得多

结构评估技术与优化研究目的主要是解决“装得多”的问题。将结构做得越轻，在相同排水量的情况下，就可以装更多的货物。如何既做到结构

超大型集装箱船系列化船型

轻，又保证结构足够强，满足集装箱堆垛的大负载，是结构设计的关键。

2013年6月，一艘日本建造的8110TEU（TEU即国际标准箱单位，标准箱是指长度为6.1米的集装箱）集装箱船在海上航行时，船舶中部结构发生损坏，导致船舶断裂为两部分，引起航运界一片哗然。这说明结构是保证船舶安全的最重要屏障，因此结构设计的安全性是业界关注重点。

在结构设计时，合理的载荷预报是合理设计的出发点。课题组通过对于三维非线性波浪载荷直接分析预报的关键技术研究，完善了超大型集装箱船载荷预报的方法，突破了基于水弹性的结构响应分析的关键技术，提升了超大型集装箱船的结构强度分析手段，建立了超大型集装箱船结构的安全评估方法。

效率高

大直径长轴系评估与设计是解决让主机产生的动能高效地传给螺旋桨的问题。轴是连接主机与螺旋桨的重要部件。超大型集装箱船的航速最快可达24节，且机舱后面多有货舱分布，因此连接主机与螺旋桨的轴直径大、长度长。通过技术攻关，课题组克服了船体变形和环境温度引起的长轴系变形预报的难题，解决了大直径长轴系扭转振动、船体变形对超大型集装箱船轴系校中影响、大质量螺旋桨对艉轴承处转角的影响等问题，建立了相关计算分析方法，确保超大型集装箱船轴系设计的安全可靠，建立了系列化船型轴系扭振及校中数据库。

电压稳

大容量输配电系统架构通过构建多层分布式配电系统，解决了大短路电流及电压降的问题。课题组提出了中压系统中性点接地方式选择的计算方法，提升了费效比。课题组构建的多层级的中低压分布式配电系统，解决了上层建筑和推进机械处所前后分离带来的电压降过大和电缆通道拥堵问题，在不增加电缆直径的前提下，严格控制电压降，电缆通道内电缆数量也大幅减少。

驶向世界的国产“巨无霸”船

课题组通过研究分析，确定了4个船型平台的主要技术参数。基于平台开发的系列船型与国际先进船型对标，系列船的能效设计指数达到了2025年的国际环保要求。

国产超大型集装箱船家族

9400TEU级集装箱船在主尺度经济性方面做到同类型船中的总装箱数和14吨均质装箱数最大，码头适应性好。

10000TEU级集装箱船在基于适应多吃水、多航速的营运剖面上，综合能效指标优于同类船舶，灵便性和通用性好。

13500TEU级集装箱船是能通过新巴拿马运河的最大船型，基于跨太平洋航线进行了优化，载货效率高。该系列船型中的“中远海玫瑰号”于2018年12月3日在中巴两国领导人的见证下，成为巴拿马运河拓宽后的第一艘通行的超大型集装箱船。

在13500TEU级集装箱船成功研发的基础上，15000TEU集装箱船进一步对366米总长限制下的尺度规模效应进行了最大化开发，并在中法两国元首的见证下，于2019年3月在法国签订了建造合同。

18000TEU级集装箱船基于400米总长限制，进行了尺度规模效应最大化开发，吨海里耗油量优于同类船舶。

在18000TEU级集装箱船系列成功设计的基础上，20000TEU级集装箱船及21000TEU级集装箱船系列进一步在线型优化、船型布局等方面进行大胆突破，从而使系列船型各项综合性能指标更优。

22000TEU级集装箱双燃料船系列是目前世界最大级别集装箱船，也是国内自主设计建造的最大集装箱船，奠定了中国在超大型集装箱船设计建造领域的引领地位。

超大型集装箱船项目打造的船型平台及全系列船型的推出，极大提升了核心竞争力。截至2016年底，项目成果共有12个船型实现实船接单，推广应用共计87艘船舶。系列船型的设计订单金额超过2.5亿元，取得了显著的经济效益。系列船型的研发成果促使国内船厂陆续签署了约570亿元的船舶订单，带动了船舶相关产业链的发展，社会效益巨大。

根据英国劳氏注册船舶数据库已交船数据统计，2010—2016年，应用本项目研发的船型订单，累计数量占到全球超大型集装箱船订单的19.3%，彻底打破了日韩造船企业的技术垄断。项目的实施提高了我国自主开发船型的能力，提升了我国船舶工业的整体竞争力，推动了船舶行业的科技进步。

（本文作者张海瑛、王彩莲为中国船舶及海洋工程设计研究院研究员。）

“内外兼修”的国产ARJ21飞机

张美红 刘 畅

2020年2月21日，在全国抗击新冠肺炎疫情的攻坚阶段，中国商用飞机有限责任公司（以下简称中国商飞）设计研发的ARJ21飞机运载着四川省援助湖北联合医疗队的医护人员飞赴一线。这个时候，人们忽然发现，国产大飞机已经“羽翼渐丰”。

2020年1月10日，ARJ21飞机项目荣获国家科学技术进步奖一等奖。接连的重大成绩让人们不禁要问，这款国产商用飞机究竟有何魅力？

ARJ21飞机不仅有着俊美紧凑的外形，还具备优良先进的性能，可谓内外兼修。从立项到研发，再到取证运营，ARJ21飞机创造了中国商用飞机史上的多个第一。它的成功被形容为“一个国家的起飞”，其种种传奇经由媒

ARJ21飞机布局特点

机翼如同鸟儿的翅膀

体报道而被大众所知，本文不再赘述。笔者在此重点介绍ARJ21飞机的颜值特点和设计特色。

高颜值的秘方

现代飞机名目众多，但是随着技术成熟度的提高和设计理念的趋同，一架架飞机长得越来越像，“脸盲”的朋友很难区分它们。相对来说，ARJ21飞机的高颜值是很有特色的。

ARJ21飞机的主要布局特点为发动机尾吊、高平尾和下单翼。

所谓发动机尾吊，顾名思义，就是把发动机布置在飞机尾部。与之相对的是发动机翼吊，也就是把发动机布置在机翼下部，中国商飞研发的大型客机C919正是采用了翼吊布局。

在尾吊布局中，机翼是“干净”的，因此发动机对机翼气动的干扰较小，设计师可以放心地根据空气动力学原理对机翼开展设计。但同时，尾吊布局也存在全机配平（类似杠杆平衡）困难等问题。

那么，飞机究竟要采用尾吊还是翼吊？其实这要根据飞机总体指标和设计理念来确定。通常来说，中小型客机上一般采用尾吊布局，以提高发动机离地距离，保证发动机的安装空间。

高平尾又叫T形尾翼，就是把平尾布置在垂尾顶部，从正前方观察，平尾和垂尾组成一个"T"形。高平尾布局的优势在于，加大了平尾与飞机重心的距离，根据杠杆原理，这种设置增加了平尾的配平能力。由于ARJ21飞机的发动机为尾吊，常规平尾正好处于发动机尾喷区，因此，加高平尾的位置也是必需的选择。

由于这种尾翼设置会增加垂尾的质量，改变垂尾的气弹特性，因此需要尽量减小尾翼质量，以满足气动弹性设计要求和强度指标，当然也就增加了尾翼的设计难度。

中国商飞上海飞机设计研究院有一个名为"梦想之翼"的雕塑，巧妙地将ARJ21飞机的复合材料尾翼试验件（真实的）和云彩（设计的）融为一体，在展现飞机设计之美的同时，也记录了尾翼研发的艰难历程。

所谓下单翼，就是把机翼设置在机身底部，这种布局可以提高飞机的灵活性，同时还可以将机翼作为紧急出口，这是现代商用飞机的常用布局。电影《萨利机长》中，飞机水上迫降后，乘客就是被疏散到机翼上等待救援的。

与下单翼对应的还有上单翼和中单翼。上单翼可以提高发动机离地高度，防止异物被吸入发动机，可以在复杂地形上起降，同时增加了机舱容量，因此在军用运输机上应用广泛。我国的运-20飞机就采用了这种布局。中单翼是将机翼布置在机身中间，这是战斗机的常用布局，我国的歼-5战斗机就采用了中单翼布局。

早期的飞机由于气动设计水平和发动机技术的限制，常采用双翼布局，更多的机翼意味着更高的升力和稳定性。

翱翔之翼

飞机翱翔蓝天离不开它的核心部件——机翼。如同鸟儿的翅膀，机翼为飞行提供了所需的升力。乍一看，不同机型的"翅

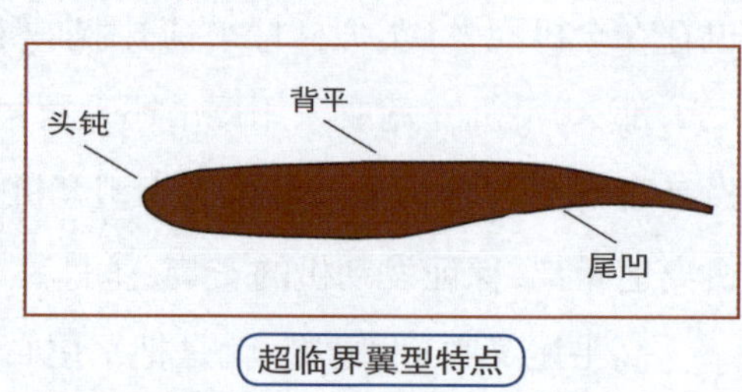

超临界翼型特点

膀”都大同小异，实际上这里面有着很大的学问。

机翼设计的先进性是衡量飞机先进性的重要标准之一。ARJ21飞机是国内率先采用超临界翼型的机型。超临界翼型是为提高临界马赫数而采取的特殊翼型。简单理解，就是这种翼型可以拥有比常规翼型更高的巡航速度、更小的阻力和更轻的重量，大大提高了飞机的经济性。

在各式各样的翼型中，如何快速区分超临界机翼和传统机翼呢？方法其实很简单：看颜值！

传统翼型的上下表面形状是不对称的：上表面弯曲，下表面较平。与其不同，超临界机翼则采用了特殊翼型剖面：前缘钝圆，上表面平坦，下表面接近后缘处有反凹，后缘较薄且向下弯曲。

ARJ21飞机机翼的末端，有一个近似垂直于机翼的小机翼——翼梢小翼。翼梢小翼虽小，对提高飞机的经济性却有着“四两拨千斤”的作用。常看飞行表演的朋友会看到，飞机飞行时，翼尖会产生涡流。飞机飞得越快，所产生的涡流就越强，这样会增加飞行时的阻力和燃料的消耗。

而翼梢小翼可以显著削弱涡流，换言之，翼梢小翼增加了机翼划开空气的能力，进而降低飞机燃油消耗。

历经千锤百炼

作为商用飞机，安全永远是第一位的。那么民航客机的安全性靠什么来保证呢？答案就是适航标准。严格的适航标准对飞机各项性能和指标提出了具体的要求，从而保证飞行安全。

ARJ21飞机是国内首款严格按照国际适航标准设计的飞机，采用新标准所带来的挑战也是前所未有的。如何达到标准要求，就需要航空专家打通设计思路、测试方法和结果评估等各个关卡。

比如，关于飞机防冰的要求，适航条款上就简简单单十余行字，然而ARJ21飞机历时4年、辗转万里才完成防冰条款对应的自然结冰试验验证。其中很大一个阻碍在于：国内难以找到符合条款规定的气象空域，最后只得到条款判据的诞生地（北美洲五大湖区）开展试飞。

类似的考验还有很多。ARJ21飞机在完成了300项地面试验科目、528个验证试飞科目，累计试飞2 942架次、5 258飞行小时，398条适航条款关闭、3 418份符合性报告得到审批后取得了中国民用航空局颁发的型号合格证，可谓经历了千锤百炼。

ARJ21飞机虽然取得了适航证，但是作为商用飞机，其最终成功与否还要由市场检验。2015年11月29日，首架ARJ21飞机飞抵成都，交付成都航空有限公司，正式进入市场运营。此后，ARJ21飞机又陆续交付多家航空公司，先后开通了50条航线（包括哈尔滨到符拉迪沃斯托克的国际航线），连通了50个城市，运输旅客超82万人次。

随着运营时间和航线的增加，ARJ21飞机会根据市场实践反馈，不断进行优化改进。“雄关漫道真如铁，而今迈步从头越”，ARJ21飞机未来的路还很长，中国大飞机的路也刚刚起步。

（本文作者张美红为中国商飞上海飞机设计研究院研究员，兼任上海力学学会理事、流体专委会副主任，主要从事民用飞机空气动力设计等，在大型客机机翼设计、飞发一体化设计领域有突出贡献；本文作者刘畅任职于中国商飞上海飞机设计研究院，主要从事飞机结冰设计、先进复合材料结构设计等领域研究。）

居安思危，为软土隧道的强震安全保驾护航

姚晨辉

晚春4月，同济大学校园内的樱花大道上，已看不到盛放的樱花。不过，在繁花落尽后，各种花草树木仿佛在尽情释放积攒了整个春天的能量，到处都是浓郁的绿色，让校园更显勃勃生机。

沿着葱茏树木掩映的校园小路，本刊记者来到了岩土楼，拜会了同济大学土木工程学院的袁勇教授，就他领衔的"软土隧道强震非一致作用安全控制技术"项目进行了访谈。

问：您为什么关注软土隧道？

答：软土一般指天然含水量大、承载力低和抗剪强度低的黏性土，常见于沿海、内陆湖盆及河流两岸地带。我国的软土区域分布广泛，如渤海湾、长三角、珠三角、长江经济带、黄河流域等地。这些区域经济发展较快，软土隧道建设需求旺盛，隧道数量和规模逐年增加。

问：地震对软土隧道的影响有多大？

答：我国地处世界两大地震带（环太平洋地震带和亚欧地震带）之间，属于地震多发国家。20世纪以来，我国发生的强震次数有近800次。像1976年发生的震级达里氏7.8级的"7·28唐山地震"和2008年发生的震级达里氏8.0级的"5·12汶川地震"，都给地震发生区域带来了严重的破坏和生命财产损

失。

过去人们更为关注地上建筑的防震，如房屋、桥梁等，因为这些建筑在地震中的损害对人们造成的视觉冲击更大，对生产生活的影响也比较大。随着地下工程尤其是隧道建设的大发展，人们对隧道的抗震减震日益重视起来。以前，大家普遍认为隧道的抗震性能较好，但是1995年日本阪神大地震颠覆了这种认识。

阪神大地震的震级为里氏7.2级，其类型为城市直下型地震，它对日本阪神经济区主要城市神户市的地下结构造成了严重破坏，其中地铁车站的损害最为严重。阪神大地震对现有抗震设计理论和方法提出了新的挑战，软土地基尤其是软土隧道的抗震逐渐成为防灾减灾研究的热点课题。

问：软土隧道的地震效应有何特点？

答：首先，软土对地震效应异常敏感；其次，研究发现强震是导致隧道工程结构破坏的主要因素。近年来建设的隧道多为长距离、大断面的隧道，其长度往往有数百米甚至数千米。对于长距离软土隧道而言，由于强震时地震波传播的相位差和非一致作用，往往使软土隧道发生蠕动和摆动变形。现有的隧道横断面设计方法，无法解决长大隧道的强震非一致作用难题，这

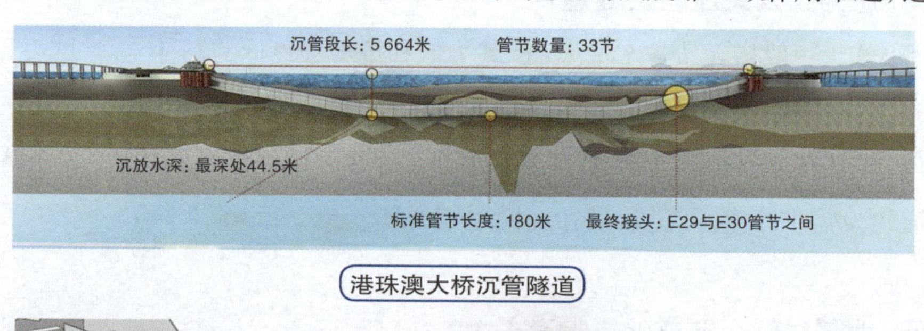

港珠澳大桥沉管隧道

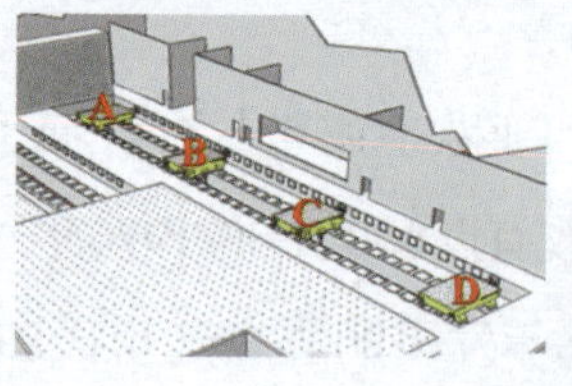

隧道非一致地震激励振动台阵

成为隧道工程学需要突破的科学难题。

问：我国近年来的重大工程建设，对抗震技术的需求情况如何？

答：对于所有的大型海底沉管隧道建设来说，都有对抗震减震技术的需求。以2018年开通的港珠澳大桥为例，它因超大的建筑规模、空前的施工难度和顶尖的建造技术而闻名世界。港珠澳大桥的沉管隧道为超长隧道，距离为5 990米。而且该隧道正好位于地震活跃区域，包括3条非全新世活动断裂和26个潜在震源区，隧道下方全部为软土地层。因此，保证港珠澳大桥沉管隧道在运营设计地震和最大设计地震下的安全性是必须攻克的工程设计难题。

问：您主持的"软土隧道强震非一致作用安全控制技术"项目荣获了2018年上海市科技进步奖一等奖，该项目取得了哪些成果？

答：经过研究团队十余年的攻关研究，项目获得了三项主要创新成果：隧道非一致地震激励振动台阵试验技术、隧道–地层强震非线性大规模仿真方法和隧道强震差动效应控制技术。

隧道非一致地震激励振动台阵试验技术：研究团队首创了台阵式振动台隧道非一致地震激励原理；研制了长隧道振动台阵试验平台；推导出隧道–地层动力相似的相对刚度比，解决了"重力失真"环境下物理模型相似比匹配难题；建立了多尺度物理模型设计方法，采用3D打印技术，使模型制作尺寸误差小于1%。

隧道–地层强震非线性大规模仿真方法：研究团队建立了宏–细观空间多尺度动力耦合方法，开发多尺度动力分析的混合时步高效算法，实现了隧道结构强震损伤的连续–离散多尺度模型。

隧道强震差动效应控制技术：研究团队开发了隧道接头剪力连接组件、可更换屈曲部件、插入式环缝连接件等装置，应用于控制盾构隧道刚度突变段强震差动效应以及超长沉管隧道非一致地震响应，可降低盾构工作井连接部位最大拉应力17%，减小沉管管节接头张开量66%。该技术直接应用于港珠澳大桥工程，确保了大桥海底隧道的抗震安全。

问：与国内外同类技术相比，本项目成果有哪些先进之处？

答：研究团队开发的宏–细观空间多尺度动力耦合理论和振动台阵隧道非一致地震激励原理是全新的原创理论。隧道非一致地震激励振动台阵试验平台和网格密度自适应混合时步算法均领先于国际同类研究机构，并且率先应用于盾构隧道和沉管隧道非一致地震响应控制。

问：本项目成果目前都有哪些实际工程应用？

答：本项目成果成功运用于近年来我国所有的海底沉管隧道（港珠澳大桥工程沉管隧道、深圳—中山通道超宽沉管隧道和大连湾海底沉管隧道）、主要河口与内河沉管隧道（南昌红谷沉管隧道工程）、大部分大直径盾构隧道（上海长江隧桥工程、上海郊环线沿江通道工程盾构隧道）以及输水隧道（上海市青草沙水源地原水工程）、输电隧道（苏州—南通特高压输电GIL综合管廊）、铁路隧道（琼州海峡跨海铁路通道预研）、地铁（厦门地铁3号线海底区间隧道）等20多项重大隧道工程项目。

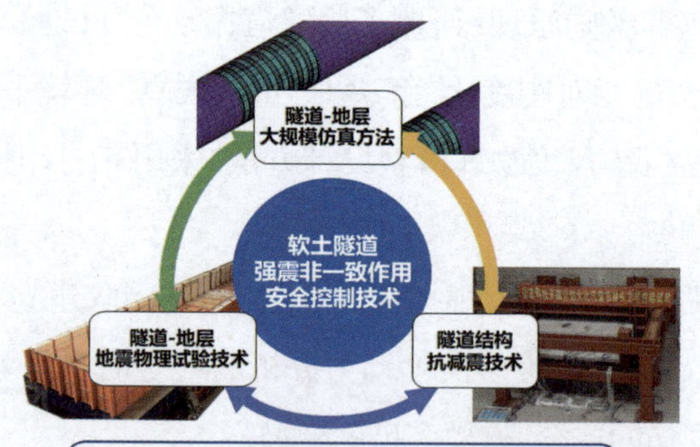

软土隧道强震非一致作用安全控制技术

（本文作者姚晨辉为《科学画报》记者、编辑。）

从源到汇：南海沉积物的前世今生

赵玉龙 刘志飞

南海是西太平洋地区最大的边缘海，其自然海域面积约350万平方千米，达到我国陆地面积的三分之一。南海每年接收来自周边陆地的河流沉积物达7亿吨以上，是全球接收陆源碎屑物质最多的半封闭海洋盆地。

天然“实验室”

汇入南海的河流长度、流域面积、年径流量及输沙量等存在巨大的差异，因此其提供给南海的沉积物矿物组成也各自具有非常鲜明的特征。进入南海后，这些沉积物在表层海流、深层海流、重力流的作用下，被携带至深海盆地中沉降下来，并随着地质历史的演变形成南海深海的沉积地层。南海河流沉积物如此复杂的“从源到汇”的搬运过程，使其成为科学家进行海洋沉积学研究的天然实验室。

研究人员通过对南海周边河流沉积物开展调查发现，周边河流输入南海的沉积物各自具有不同的黏土矿物组成。比如：来自我国台湾的黏土矿物组成以伊利石和绿泥石为主，与台湾隔巴士海峡相望的吕宋岛的黏土矿物组成以蒙脱石为主，而养育着我国华南众多城市和人口的珠江的黏土矿物组成则以高岭石为主。

从“源”寻差异

这些区域大体处于同一纬度带，提供的沉积物却具有如此迥异的黏土矿物组成，这是什么原因造成的呢？研究发现：南海周边河流的黏土矿物组成主要由源区化学风化作用控制，而源区岩石的化学风化则受到地质构造活动、岩石类型、气候条件三大因素的影响。

地质构造活动是指所处地区的地壳发生结构改变或相对运动，比如我国台湾岛，由于受太平洋板块持续向欧亚大陆以下俯冲的影响，近500万年以来一直持续隆升，形成台湾中央山脉。活跃的构造活动，使台湾山区岩石发生快速风化剥蚀，形成伊利石和绿泥石等典型强机械剥蚀、弱化学风化的产物，并通过台湾西南侧河流输入到南海中。

类似的情况还发生在南海西侧中南半岛的红河和湄公河，这两条河流均发源于构造活动活跃的青藏高原东南部，因此其黏土矿物组成也以伊利石和绿泥石为主。这一类河流还包括发源于婆罗洲岛北部的河流。

源区的岩石类型，对风化产生的黏土矿物组成同样具有重要的控制作用。比如吕宋岛，与我国台湾处于类似气候条件下，且同样受太平洋板块俯冲的构造活动影响，但其黏土矿物组成是以蒙脱石为主，而不是伊利石和绿泥石。这是因为吕宋岛是一个典型的火山岛，属太平洋岛弧的一部分，其岩石类型为玄武岩为主的火山岩。这类岩石经较弱的化学风化后，主要风化产物即为蒙脱石。

在影响源区岩石风化的三个因素中，气候条件是最为重要的一个。比如南海南部马来半岛、苏门答腊岛和婆罗洲岛西部，尽管其构造活动和岩石类型截然不同，但由于受到热带季风气候的强烈影响，源区不论什么类型的岩石，均会在极短的地质历史时期内发生强烈化学风化，形成化学风化的终极产物——高岭石。而在我国珠江流域，虽然气候不如南海南部热带地区温暖潮湿，但由于构造稳定，且流域较长，所以源区岩石经较长地质时期的化学风化，同样形成以高岭石为主的黏土矿物组合。

“汇”中各不同

那么，南海周边河流输入的沉积物又是如何被搬运到深海中去的呢？

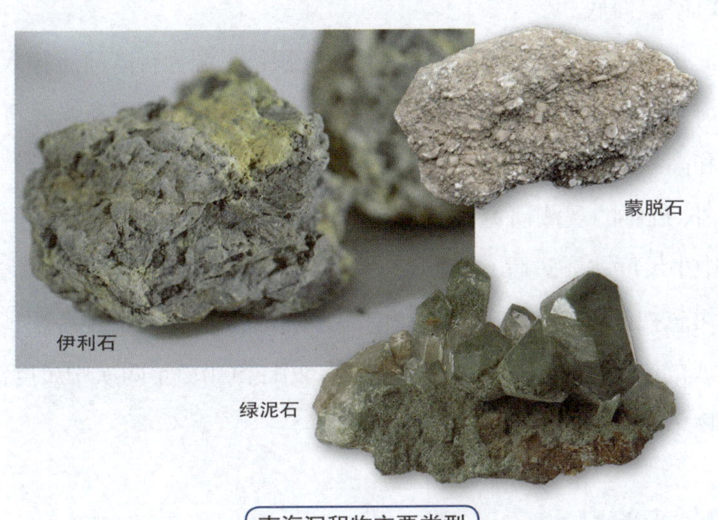

南海沉积物主要类型

这主要涉及三方面：表层洋流、深层洋流和沉积物重力流。

以南海东北部海区为例，该海区的主要沉积来源包括我国台湾、华南地区和吕宋岛。来自台湾的河流沉积物进入海洋之后，由于密度大于周边海水，在重力作用下快速下沉，形成沉积物异重流，并通过台湾西南岸外发达的海底峡谷系统进入南海深海。进入深海后，这些沉积物继而被沿南海北部和西部边缘发育的逆时针深海环流向西带入深海盆地。这个深海环流大体沿等深线发育，所以被称为“等深流”，由于主要沿海盆的西部边界发育，又被称为“深水西部边界流”。

而来自珠江的沉积物在输入南海后，由于遇上宽达数百千米的大陆架，并不能像台湾河流沉积物一样迅速下沉，而是被大陆架上发达的沿岸流向西搬运，主要沉积在南海西部。由珠江输入的沉积物，部分可以跨越大陆架，通过珠江口外海底峡谷进入深海，这部分沉积物在进入深海后也多被等深流继续向西搬运，只有极少一部分可进入南海东北部并沉积下来。

来自吕宋岛的河流沉积物进入南海后，由于陆架狭窄且不存在海底峡谷之类的可将沉积物快速输至海底的机制，加之河流规模普遍较小、输沙量小，这些沉积物多数保持悬浮，主要通过表层洋流搬运至南海海盆中间，并缓慢沉降至海底。

因此，对南海东北部海区而言，主要沉积物来源为台湾河流输入。这体现在南海东北部海洋表层沉积物的黏土矿物组成以伊利石和绿泥石为主，蒙脱石和高岭石含量较低。

此外，近年的观测研究发现，一些之前在海洋沉积学研究中很少被注意到的中小尺度海洋过程（如中尺度涡活动），可能对深海沉积物搬运同样具有不可忽视的作用。研究人员在南海东北部进行现场观测后发现：海洋表层生成的中尺度涡能穿透数千米水层，2011和2013年两次中尺度涡搬运的沉积物总量高达百万吨。

沉积物带来的启示

深海盆地中的沉积物，随着时间推移被保存在地层中，形成“下老上新”的连续沉积记录。这些沉积物记录了源区化学风化强度的变化，通过对南海沉积地层中的黏土矿物开展分析，研究人员就可以半定量地重建周边陆地化学风化作用的变化历史，进而研究影响化学风化的因素，如东亚季风强度的演变史。

东亚季风是全球气候系统的一个重要组成部分，对南海周边陆地，特

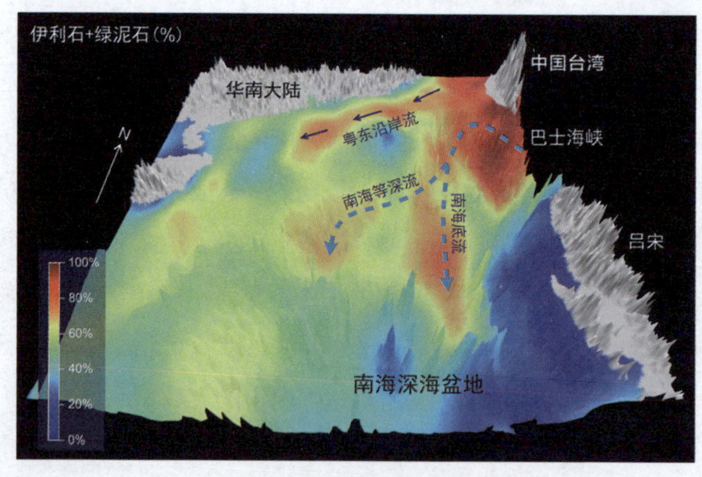

南海东北部海区沉积物

别是我国的气候变化发挥着至关重要的影响。但是，由于季风系统的气候学信息无法直接保存在地质记录中，研究人员只能通过寻找地质记录中的替代性指标恢复过去季风气候演化的历史，而南海沉积物中的黏土矿物含量变化就是一个较为理想的指标。

通过对南海周边黏土矿物"从源到汇"输送过程的大量研究，研究人员发现：蒙脱石主要形成于周边岛屿火山岩快速化学风化，记录了同时期的东亚夏季风气候条件；而伊利石和绿泥石形成于周边陆地和岛屿的机械剥蚀作用，与强烈降雨引发的侵蚀能力或东亚季风相对寒冷的气候条件有关。

因此，南海沉积物中蒙脱石含量与伊利石和绿泥石含量的比值，可作为东亚季风演化的替代性指标。高值代表夏季风温暖潮湿气候条件下增强的化学风化作用；低值指示冬季风相对寒冷气候条件下减弱的化学风化作用，或是强烈降雨气候条件下增强的机械剥蚀作用。

综上，南海周边陆地的化学风化作用主要受地质构造活动、岩石类型、气候条件等三个因素的控制，其中气候相比其他两个条件更为关键。周边陆地的沉积物通过河流进入南海后，在表层洋流、深层洋流、沉积物重力流及中尺度涡等一个或多个海洋过程的控制下进入南海深海沉降下来，形成沉积地层。通过对地层中的连续沉积记录开展分析，可重建周边陆地的气候变化历史，特别是东亚季风的变化历史。

（本文作者赵玉龙为同济大学海洋与地球科学学院副教授，主要从事深海沉积动力过程与全球变化研究；作者刘志飞为同济大学海洋与地球科学学院教授，主要从事海洋沉积学和深海沉积动力过程与全球变化研究。）

北斗护航，中国集装箱物流引领国际标准

江 霞

2021年3月，一家国际知名的大宗商品贸易商遭遇一桩调包事件：这家公司向供应商购买了价值3 600万美元的黄铜。没想到，还没到目的地，满满300个集装箱的黄铜就全被调包成了涂着金黄色颜料的石头。

类似这样货物被调包、盗窃，以及利用集装箱走私、偷渡等事件，几乎每天都在世界各地发生。由于集装箱物流周期长、电磁环境恶劣、跨地区跨国界等，对集装箱物流进行跟踪与监控较其他物流更加困难。可以说，在传统的物流模式下，集装箱就像一个个"黑箱"，没有人知道里面到底发生了什么。

为了有效提高集装箱物流的透明度和安全性，华东师范大学国际航运物流研究院的科研团队开展了一系列技术创新，他们完成的"融合北斗的集装箱物流跟踪与监控技术及国际标准制修订"项目荣获了2018年上海市科技进步奖一等奖。

"黑箱"变得"透明"又智能

针对集装箱物流和信息流分离的弊端，项目组在世界上首次提出并实现了基于互联网的集装箱全球跟踪管理方法和解决方案。他们在集装箱门上安装具有定位和门封功能的电子标签，通过信息交互装置、无线射频接口等技术对集装箱的状态进行实时跟踪，实现了物流信息由告知到感知的变革。

全球有多达88%的山区、海洋等区域没有通信基站，集装箱物流进入这些区域后就会出现信息失联。解决这一问题要依靠定位系统。然而，GPS仅能让用户知道自己的位置；而北斗卫星导航系统具有通信与定位一体化的独特优势，用户不仅知道自己在哪里，也能把自己的位置告诉别人。项目组将北斗与集装箱物流融合，研制了以北斗通信模块和定位芯片为基础的物流跟踪与监控智能终端系列产品，使物流的实时跟踪与监控不再有盲区。

基于卫星通信定位和智能手机交互的集装箱跟踪与监控终端

项目组在系统平台植入北斗指挥机，使系统能够响应用户查询、自动休眠与唤醒、远程修改配置、实时告知在途突发事件等。通过这些功能，用户就能够对货物进行实时在线监控。系统还能根据地理信息数据自动判别货物位置，自适应调整终端工作状态，实现了智能终端的多功能和低功耗。

以往集装箱物流监控系统需要专用手持机和广泛布设读写器，成本高而且操作烦琐。项目组创建了以“移动互联网+云平台+NFC（近场通信）/二维码封条+智能手机”为架构的新系统，用户只需要智能手机就能操作，这大幅降低了监控成本，同时提升了用户数据采集和融合的能力。

中国发明成为国际标准

项目组创新了一批领先于国际同行的科研成果，然而，集装箱物流具有全球化的特征，没有国际标准的推动，创新技术就无法在国际上得到普遍应用。国际标准是创新成果走出国门的“先手棋”，世界各国都竭力把自身的创新技术推上国际舞台，使之成为国际标准。只有将创新成果与国际标准有机结合，主导和参与国际标准的制修订，才能掌握技术和产业发展的主导权。在港航界国际标准的制定中，发达国家长期掌控着“游戏规则”。尽管我国集装箱生产量、运输量、吞吐量均为世界第一，但在该领域国际标准制定中鲜有中国的声音，拥有自主知识产权的中国创新发明进入国际标准更是困难重重。

2008年起，项目组结合创新实践，凝练提出“用于提高集装箱物流透明度和安全的RFID货运标签系统”新标准提案，首次提出把互联网技术引入集装箱物流的国际标准中。该领域国际标准争夺十分激烈，中国发明起初未被国际同行认可，首轮投票失败。项目组并不气馁，邀请各国专家考察应用现场，经反复沟通，专家们认可了中国创新领先于欧美同行，第二轮投票终获成功。

历时两年半研制和5年精心维护拓展，经过13次国际会议交锋和交融、7轮投票，与国外专家开展了百余次的对话和邮件沟通，《ISO 18186:2011集装箱RFID货运标签系统》终于在日内瓦正式发布，并在2016年通过了复审投票。这成为我国自1978年加入国际标准化组织后，在交通运输和物流领域首个由中国发起、起草和主导的国际标准。复审投票显示：该标准已被英国、荷兰、丹麦、捷克采纳为国家标准，日本和俄罗斯也计划采纳为国家标准；美国和德国确认已在本国实际应用。后来该标准又被法国、沙特、波黑采纳为国家标准，充分展示了中国创新在国际上的生命力和影响力。

2013年3月，在ISO/TC 104哥本哈根会议上，项目组首次提出并演示了基于卫星通信/定位和智能手机交互的集装箱跟踪与监控终端，得到与会专家的肯定。然而，以美国为首起草的标准草案未将中国发明列入其中。项目组多次提出北斗具备与GPS相同的功能，要求将“GPS”修订为“全球导航系统（包含GPS、北斗、格洛纳斯、伽利略）”，增加“卫星通信”和以“智能手机”作为识读设备等内容。通过据理力争，项目组的意见最终得到采纳，打破了国际上定位系统即为GPS的惯例。

项目组全程参与ISO/TS 18625的准备、审议、询问等各阶段工作，在融入了众多中国发明和创新技术的基础上，2017年10月《ISO/TS 18625:2017集装箱跟踪与监控系统技术要求》正式发布，现已被欧洲发布为《PD ISO/TS 18625:2017标准》，被荷兰采纳为国家标准。随着北斗三号卫星完成组网并向全球提供服务，项目组研发的各类融合北斗通信和定位的智能终端产品通过物流的管道融入全球，为中国北斗进入国际市场撬开了门缝。

争当国际标准的引领者

项目的实施引领了物流高效、准确、安全、便捷和低成本的发展，推动了产业化，在集装箱运输、检验检疫、军队、能源等百余家单位得到了应用，有效杜绝了物流过程中被盗和调包等事件，社会效益显著。无源电子封条每年以百万件的批量出口至英国、意大利、美国、俄罗斯等国。

项目首次将拥有自主知识产权的发明上升为国际标准，展示了中国创新在国际上的影响力，推动了物流行业技术进步。在国际标准研制中积累的经验和教训，为其他行业进入国际标准提供了可资借鉴的范本。

随着中国拥有自主知识产权的创新成果不断涌现，世界对中国创新成果的认知也发生了很大变化。将来中国技术进入国际标准的壁垒会越来越多，难度会越来越大，这可能会影响中国发明进入国际标准的步伐。

面对挑战，项目组信心满满，继续以先进的理念和强大的技术作为支撑，在激烈的竞争中占据制高点。经过三个月的投票，2021年6月9日，由项

项目组研制的电子锁在马来西亚海关得到应用。项目带头人包起帆在现场留影

目组代表中国提出的《集装箱NFC/二维码封条》国际标准新提案获得了通过。

这项国际标准将引导传统机械封条厂进行生产技术转型，优化生产要素配置，在单一的机械封条产品基础上增加新型系列电子封条产品。这对拓展集装箱电子封条的国际新产业、推进供给侧技术升级和改革、改写国际市场竞争格局，都将产生深远影响。后续项目组将推动新国际标准的制定，扩大集装箱电子封条的应用，进一步提升集装箱物流的安全性、效率和服务品质。

（本文作者江霞，高级工程师，就职于华东师范大学国际航运物流研究院。主持上海市科委、国标委、交通部等科研项目5项，获省部级科技奖励13项、国际发明展金奖3项、授权专利3项。研究方向为物流跟踪与监控技术及标准。）

把氢气“装”进金属里

方沛军　邹建新

随着人类科技发展的不断增速，能源危机和环境污染问题越来越突出，氢能源作为一种清洁、高效的二次能源，受到了国内外的广泛重视。《中国氢能及燃料电池产业白皮书2019》中提出，氢能是构建中国现代能源体系的重要方向，到2050年，氢能在中国终端能源体系中占比至少会达到10%，氢气需求量约6000万吨/年，氢能在交通运输和工业领域将得到普及应用。

氢能的实际应用包括氢的制备、氢的存储与运输、氢的能量转化等过程，其中，高效、安全的氢气储运技术是制约氢能发展的关键问题。为了解决这一难题，氢储（上海）能源科技有限公司（以下简称“氢储科技”）开展了镁合金固态储氢技术的研发，并将其产品应用到氢能储运领域，而且开始进行产业化落地示范。

用金属储存氢

目前，氢气的储存方式主要有高压气态储氢、低温液态储氢和材料基固态储氢等。简单来说：高压气态储氢是将气态的氢压缩至高压状态（150~1 000个大气压）后储存在高压气罐中；液态储氢是通过不断降温到–253℃使氢气液化，进一步罐装至低温绝热容器中；固态储氢则是通过物理吸附或化学反应的方式将氢气储存在固体材料中。相对于气态和液态储氢，固态储氢具有体积密度高、安全性高、运输方便等优势，被认为是极具应用前景的氢气储运方式。

目前，固态储氢中技术较为成熟的方式为合金储氢，主要包括镁系合金、稀土系合金等。储氢合金与氢气发生化学反应，生成金属氢化物，实现氢气的存储。由于合金储氢具有充放氢条件温和、储氢密度高、安全性高等特点，因此固态储氢加氢站不需要高压设备，能够简化加氢站的建设，对阀体等部件要求降低，从而减少前期投入，降低成本和故障率。但是，合金储氢也存在一些缺点，例如：部分金属氢化物充放氢速率低、某些金属合金成本过高等。

从工厂到加氢站

固态储存的氢气一般采用车船输送，流程如下图所示。

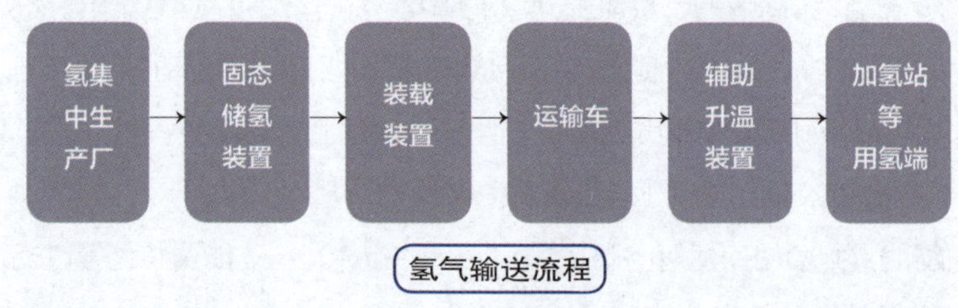

氢气输送流程

氢集中生产厂生产的氢气被充入固态储氢装置。相较于高压气态和液态储氢，固态储氢不需要压缩机或液化装置即可完成充氢。充氢完成后，固态储氢装置被装载到运输车上，运送到加氢站等用氢端。

由于固态储氢材料的吸放氢特性，在运输过程中，储氢装置内只需保持常温常压，而存储的氢气在此环境下也很难释放。这确保了固态储氢装置在运输过程中的安全性，其运输成本也较低。

在加氢站、用氢工厂、氢发电站等目的地，使用辅助升温装置对固态储氢装置进行加热，释放出存储的氢气。但辅助升温装置会增加固态储氢运输过程中的成本，进而导致氢的交货成本增加。

新型储运方式崛起

目前国内的上游氢气资源与下游氢能应用市场的空间分布不匹配，亟待建立经济安全的储运方式，以突破距离限制，提高氢气储运的便捷性。

现在我国主要采用高压气态的储运方式，其储氢密度低、运输半径短，而且存在氢气泄漏、爆炸的隐患；液态储氢主要用于航空航天领域，民用很少，技术有待突破，成本有待下降。

作为一种新兴的储运方式，镁基固态储氢展现出很多优势：质量储氢密度高，操作条件安全（室温至390℃，<1.5兆帕），运输安全性高（常温常压运输，氢化物不会自燃），而且没有储氢副产物，反而有较强的纯化功能。

镁基固态储氢的运行成本主要在于用氢端释放氢气时所使用的辅助升温装置的能耗和折旧，但是其储氢时的压力较低，不需要增压装置。镁基固态储氢的运行成本与高压气态储氢相近，低于液态储氢（见下表）。在固定成本投入方面，以每天20吨的氢气量测算：镁基固态储氢的总投入成本约为8 800万元，高压气态储氢的总投入成本约为6 560万元，而液态储氢的投入成本约为11.6亿元。也就是说，镁基固态储氢的投入成本和高压气态储氢相近，而液态储氢的投入成本是两者的14~15倍。

综上所述，镁基固态储氢潜力巨大，因此它被视为氢储运技术未来重要的发展方向。

储氢成本表

储运方式	成　本			
高压气态	增压设备折旧及能耗（+）	充装设备折旧及能耗（+）	长管拖车折旧及运营成本（+++）	增压设备折旧及能耗（+）
液　态	液化设备投入及能耗（+++++）	充装设备投入及能耗（+）	液氢槽车折旧及运营成本（+）	增压设备折旧及能耗（+）
镁基固态	无	充装设备投入及能耗（+）	固态储氢车折旧及运营成本（+）	放气及增压设备折旧及能耗（++）

镁基固态储氢车

氢储科技联合上海交通大学材料学院院士团队与加氢站领头企业上海氢枫能源技术有限公司，依托上海交通大学氢科学中心，选用低成本、高储氢密度的镁合金作为氢气的储存介质，并将镁基合金材料大规模应用于规模化固态储氢领域。

上海交通大学研发的镁基固态储氢材料，其质量储氢密度可达到6%以上，循环寿命超过3 000次，能有效去除氢气中所含的一氧化碳、硫化氢等杂质气体。基于该材料，研究团队还开发了单车储氢量达到吨级的镁基固态储氢车。该储氢车具有常温常压（25℃，0.1兆帕）储运、较高的安全性能（配备氢气泄漏探测系统，在发生泄漏时可关闭阀门并发出警报）、强净化功能和智能化（远程实时监控，紧急情况下进行联锁控制）等特点。其单次运氢量是同等规模高压气态方式（20兆帕长管拖车）运氢量的3~4倍。

研究团队未来将从以下几个方面降低镁基固态储氢技术的成本：（1）降低镁基固态储氢材料的成本；（2）优化镁基固态储氢装置的设计，减少充放氢时间成本并提高单次运氢量；（3）优化热管理系统，利用余热，减少充放氢时电加热的运行成本。最终，镁基固态储运氢车可以将由可再生能源集中或分布式制取的氢气，远距离运输到加氢站、化工厂等氢气使用单位，实现氢气的安全和高效运输。

镁基固态储氢为突破氢能应用瓶颈提供了优选方案。我们期待，随着固态储氢技术不断成熟，氢能利用变得更加安全、经济、高效，氢能将像如今的电能一样走进千家万户，推动社会迈入绿色发展时代。

［本文作者方沛军为氢储（上海）能源科技有限公司总经理；邹建新为氢储（上海）能源科技有限公司CTO，上海交通大学教授，青年长江学者。］